I sampietrini

4

«La natura ha dato una forma esclusiva al nostro cervello e alla nostra mente?... tutto ciò che facciamo dipende da come siamo fatti, o meglio da come è fatto il cervello? La risposta contempla al tempo stesso un "sì" e un "no", anche se il "no", come potrebbero sostenere alcuni fieri sostenitori del determinismo, non è altro che un "sì" mascherato, perché tutte le nostre azioni dipenderebbero da proprietà intrinseche del cervello» (p. 11)

«Le scelte morali dipendono
da meccanismi intrinseci
al cervello o invece rivelano
quanto avviene nel cervello
quando esprimiamo
un giudizio o agiamo
moralmente?» (p. 61)

«Le neuroscienze ci dicono
che siamo esseri umani
perché abbiamo il cervello
che abbiamo: un cervello che
ha i suoi pregi e difetti,
regole e condizionamenti,
ma anche i suoi gradi
di libertà» (p. 150)

Alberto Oliverio

Cervello

Bollati Boringhieri

Prima edizione febbraio 2012

Torino, corso Vittorio Emanuele II, 86
Gruppo editoriale Mauri Spagnol

ISBN 978-88-339-2274-4

www.bollatiboringhieri.it

Stampato da Rotomail Italia S.p.A. di Vignate (Mi)

Indice

Premessa

Il lettore che scorre con lo sguardo le righe che compongono questa pagina passa da una parola all'altra, da una frase a quella successiva. I segni sulla carta, simboli che egli ben conosce, si traducono automaticamente in significati, trovano la giusta strada nella sua mente. Il segno di punto, come quello che ha appena terminato la frase precedente, indica una pausa, la conclusione di quanto è stato appena detto. Tutto procede in modo quasi automatico, senza sforzo da parte di chi legge. Se poi qualcuno leggesse ad alta voce queste righe, e il lettore si trasformasse in ascoltatore, i suoni che costituiscono le parole troverebbero strada nella mente di chi ascolta, sarebbero ugualmente tradotti in significati. Qualcosa di simile avviene nella mente di chi scrive queste righe: i pensieri si traducono in parole, le parole in frasi che, grazie ad appositi movimenti delle dita sulla tastiera del computer, prendono forma sotto sequenze di lettere, le parole, appunto. Queste frasi, se non altro il loro significato generale, resteranno impresse nella memoria di lavoro del lettore che potrà così passare a un altro paragrafo, a un'altra pagina, senza dimenticare, si spera, lo svolgersi dei concetti esposti nel testo.

Noi, adulti, non ci meravigliamo di questa capacità della nostra mente: ma se facciamo una breve pausa e andiamo a ritroso negli anni, fino a quando eravamo bambini, ci rendiamo conto di quanto fosse per noi complesso leggere, comprendere, ricordare. È l'esperienza che ci ha reso più abili nella lettura e nel linguaggio? Oppure è il nostro cervello che è cambiato fornendo un sostegno alla nostra mente?

Chi scrive, ha appena alzato il sipario su un problema su cui si dibatte da secoli: cervello e mente sono due realtà diverse o in qualche modo coincidono e i due termini rispecchiano la stessa realtà? La mente è qualcosa di più nobile, oltre che immateriale, e il cervello una realtà materiale che fornisce un semplice supporto alle nostre esperienze, pensieri, decisioni? Rinviamo l'analisi e forse la soluzione di questo problema – troppi filosofi e pensatori si sono espressi in proposito – per ritornare e soffermarci invece sul nostro rapporto con questo testo. I messaggi che provengono dai vostri occhi sono convogliati verso la corteccia visiva, quelli che provengono dai vostri orecchi – nel caso qualcuno vi stia leggendo queste righe – verso la corteccia uditiva. Attraverso canali sensoriali differenti, due aree distinte del cervello recepiscono un messaggio che la vostra mente è in grado di comprendere indipendentemente dal fatto che esso sia decodificato da una struttura fisica, visiva o sonora che sia: ciò dipende da una superiorità della mente sulla materia bruta, la materia nervosa, o dal fatto che nel cervello esistono strutture in grado di comprendere il significato del linguaggio, scritto o parlato che esso sia? Ritengo che la maggior parte dei lettori preferirebbe ipotizzare una qualche trascendenza della mente sulla materia: ma le cose non stanno proprio in questo modo, perché se nel nostro cervello non esistessero aree predestinate alla comprensione – e alla produzione – del linguaggio, non saremmo in grado di capire le parole provenienti da un immaginario lettore o di comunicare con lui per dirgli, semplicemente, «vai più piano» oppure «ripeti, per favore, mi ero distratto». Ciò significa che la natura ha dato una forma esclusiva al nostro cervello e alla nostra mente? Che tutto ciò che facciamo dipende da come siamo fatti, o meglio da come è fatto il cervello? La risposta contempla al tempo stesso un «sì» e un «no», anche se il «no», come potrebbero sostenere alcuni fieri sostenitori del determinismo, non è altro che un «sì» mascherato, perché tutte le nostre azioni dipenderebbero da proprietà intrinseche del cervello.

Grazie ai progressi delle neuroscienze, il cervello è oggi un oggetto sempre meno misterioso, malgrado molti ritengano che su quest'organo sappiamo poco o niente. Nel giro di pochi decenni, numerosi aspetti dei rapporti tra mente e cervello sono stati sondati e descritti con crescente approfondimento: dalla memoria all'emozione, dalle decisioni alla creatività, esiste oggi un sapere che non si basa soltanto su speculazioni teoriche ma anche, e soprattutto, su acquisizioni empiriche. Queste conoscenze, possibili grazie a tecniche che penetrano sempre più a fondo nei circuiti cerebrali rivelandone struttura e attività, hanno un notevole impatto sulle scienze umane, dall'antropologia alla filosofia: al punto che possiamo chiederci se la conoscenza di come siamo fatti, ci emozioniamo, ragioniamo, percepiamo una produzione artistica e l'ideiamo, non appartenga alle scienze umane, oltre che a una dimensione psicobiologica. Con questo non voglio certamente imboccare la strada di un'arroganza neuroscientifica, quella «neuromania» oggetto di giuste critiche da parte di due psicologi italiani, Paolo Legrenzi e Carlo Umiltà:[1] sono ben consapevole che esistono vari livelli di lettura della mente e dell'agire umano, da quelli di tipo psicologico a quelli oggetto di riflessioni ed esplorazioni letterarie. Ma le neuroscienze possiedono un fascino che deriva dalla loro capacità di esplorare territori finora immersi nell'oscurità, oggetto di speculazioni, a volte assurde come lo erano quelle degli antichi geografi o antropologi.

Nel riferirsi al mondo della mente e dell'inconscio, Sigmund Freud utilizzò una metafora archeologica legata alla sua ammirazione per l'archeologo Heinrich Schliemann, che scoprì le rovine di Troia quando il giovane Freud aveva diciotto anni: l'analisi, scrisse Freud, si basa su «un procedimento di svuotamento strato per strato, che ci piace paragonare alla tecnica del dissotterrare una città sepolta».[2] Questo stesso processo di «svuotamento» riguarda anche le neuroscienze che, in poco meno di mezzo secolo, hanno compiuto progressi impressionanti, sia dal punto di vista tecnico (si pensi a quelle tecniche di *neuroimaging* che ci permettono di visualizzare le aree cerebrali coinvolte in un compito o attività particolare), sia dal punto di vista concettuale. Quando ho iniziato a occuparmi di neuroscienze, circa cinquant'anni fa, gli strumenti di cui disponevano i ricercatori erano veramente pochi: tutto si giocava sulla registrazione dell'attività elettrica del cervello, sulle immagini statiche prodotte dalla radiologia, su quel poco di neurochimica che era allora disponibile. Oggi, non soltanto possiamo visualizzare nel corso della loro attività le aree responsabili di movimenti, sensazioni, produzione e comprensione di parole, decodificazione dei tratti del volto umano, attenzione, motivazione e via dicendo, ma anche intervenire sui processi della memoria «spegnendo» o «accendendo» geni coinvolti nella formazione di nuove sinapsi, «ponti» che connettono tra loro i neuroni creando una rete responsabile della codificazione di nuove esperienze.

Ovviamente, conoscere i singoli aspetti del funzionamento cerebrale, le singole funzioni mentali, è molto utile, un primo passo verso una conoscenza più approfondita: ma non ci consente ancora di integrare tutti questi aspetti in una trama unitaria, permettendoci di comprendere come varie strutture e funzioni siano unificate nella mente umana, anzi nelle singole menti, caratterizzate da un'unicità di funzioni biologiche, esperienze, storie individuali. Per ora le neuroscienze ci forniscono una traccia, anzi, tracce diverse: sentieri che ci consentono di esplorare le varie aree di una foresta finora totalmente immersa nell'oscurità. Proviamo a percorrerli questi sentieri, o almeno i sentieri più promettenti, quelli che possono farci riflettere e condurci al di là della semplice biologia.

Torniamo quindi all'esempio già fatto, più specificamente al caso della scrittura e quindi, più o meno indirettamente, al tema del movimento: se io premo con i polpastrelli delle mie dita i tasti di questo computer, scrivendo il testo che ora leggete, lo faccio grazie a comandi che originano dalla corteccia motoria, una sottile striscia di tessuto nervoso situata nell'area frontale dai cui neuroni originano gli impulsi che stimolano i muscoli volontari di tutto il corpo. In modo simile, se io parlo lo faccio grazie a una serie di movimenti dei muscoli del linguaggio (bocca, lingua, corde vocali) che rispondono ai comandi che originano da una regione specifica della corteccia frontale sinistra, l'area di Broca. Non esiste dubbio alcuno sull'esistenza di questo rapporto tra strutture cerebrali e funzioni motorie: d'altronde se una di queste aree subisce un danno, i movimenti, somatici o linguistici che siano, sono in gran parte impediti. Anche la nostra capacità di comprendere il linguaggio parlato dipende dall'esistenza di un'area dell'emisfero temporale sinistro, l'area di Wernicke, in grado di comprendere e usare le parole che ascoltiamo. Queste due aree, essenziali per il linguaggio, sono il prodotto di una lunga storia evolutiva: senza di esse non potremmo profferire e comprendere parole. I fautori del «sì», diranno quindi che ciò che facciamo dipende da come siamo fatti poiché esiste un rapporto univoco tra queste aree cerebrali e il linguaggio. I fautori del «no» potrebbero però sollevare un caso a loro favore, quello della scrittura che, come ben sappiamo, è strettamente imparentata col linguaggio.

La comparsa della scrittura o delle abilità numeriche nella specie umana si è verificata in tempi troppo rapidi – circa 7000 anni or sono – perché siano compatibili con l'evoluzione di apposite strutture cerebrali. È infatti soltanto da pochi millenni che la scrittura si è diffusa: ma questa abilità umana, così come quella numerica, non dipende da predisposizioni della struttura cerebrale, contrariamente a quanto avviene per il linguaggio parlato. Gli esseri umani, infatti, scrivono e usano i numeri grazie a un utilizzo innovativo della corteccia parietale: quest'area, che è responsabile della rappresentazione spaziale, è stata «sfruttata», o cooptata che dir si voglia, per rappresentare spazialmente i segni della scrittura, dalle impressioni sull'argilla di forme circolari o cuneiformi alla rappresentazione spaziale delle lettere di cui si compongono le parole. Diranno quindi i fautori del «no»: «Vedete, la mente usa il cervello a suo piacimento, ne cambia le regole». Ma i fautori del «sì» potrebbero rispondere che il cervello è dotato di una plasticità che lo adatta a nuove situazioni e che quindi il rapporto tra struttura e funzione non è così stretto come si potrebbe erroneamente ritenere...

Cervello

1. Cervello e linguaggio

Per addentrarci più a fondo in questo argomento, cominciamo a confrontare le due diverse forme di comunicazione, il linguaggio parlato e quello scritto. Da più di un secolo e mezzo, neurologi e fisiologi hanno cercato di comprendere quali siano le basi cerebrali del linguaggio, quali il ruolo della corteccia e delle strutture sottocorticali, quali predisposizioni fanno sì che, nella maggior parte delle persone, l'emisfero sinistro sia l'emisfero linguistico mentre il destro compartecipi in minor misura alla comunicazione orale, anche se è responsabile della prosodia, la dimensione emotiva del linguaggio.

Nel 1861 il neurologo francese Pierre Paul Broca descrisse un caso clinico in cui il paziente, che conservava la comprensione del linguaggio, aveva invece perduto la capacità di parlare. Questa persona, soprannominata Tan – era l'unico suono che egli pronunciava ripetutamente –, non aveva un vero e proprio deficit motorio, in quanto poteva profferire alcuni suoni e anche qualche parola sbocconcellata, ma non era in grado di utilizzare le regole grammaticali e quindi non poteva costruire delle frasi né attraverso il linguaggio parlato né attraverso quello scritto. Dopo la sua morte, l'esame autoptico dimostrò che vi era una lesione nella parte posteriore del lobo frontale, oggi nota come area di Broca.

Dodici anni dopo, nel 1876, il neurologo tedesco Carl Wernicke pubblicò un articolo in cui era descritto un nuovo tipo di afasia che comportava un deficit della comprensione e non dell'esecuzione (come in quella di Broca). I malati studiati dal patologo francese erano in grado di comprendere ma non di parlare, quelli di Wernicke potevano invece parlare ma non comprendere: il neurologo tedesco dimostrò che essi presentavano una lesione localizzata nella parte posteriore del lobo temporale, in prossimità del punto d'incontro tra questo lobo e quelli parietale e occipitale. Wernicke sostenne che l'area di Broca controllasse i programmi motori che servono per la coordinazione dei movimenti muscolari della bocca e delle corde vocali e che invece la comprensione del linguaggio, cioè la parte sensoriale, dipendesse dall'area che egli aveva identificato. Le due aree, quella motoria e quella sensoriale, sarebbero state allacciate da un fascio di vie nervose che, ponendo in relazione i due centri, avrebbe consentito che la rappresentazione acustica o visiva delle parole si trasformasse in linguaggio scritto o parlato. In sostanza, secondo le interpretazioni di Wernicke, il linguaggio sarebbe dipeso da un'associazione tra le memorie delle esperienze sensoriali, legate alla percezione dei suoni, e quelle motorie, legate alla loro articolazione. Mentre Broca guardava alle funzioni mentali, e nel caso specifico al linguaggio, in termini di singole strutture responsabili di singole funzioni, Wernicke era un fautore dell'associazionismo, in linea con la tradizione dei filosofi empiristi: perciò era importante studiare la «logica» delle funzioni, il concatenarsi di una catena di eventi.

Da quando, intorno alla metà dell'Ottocento, Broca e Wernicke descrissero le due regioni della corteccia cerebrale che oggi portano il loro nome, ci si è concentrati nello studio di queste due aree come se queste fossero le uniche strutture specificamente coinvolte nella produzione e nell'elaborazione linguistica. Il loro ruolo è stato però posto in discussione da due diversi punti di vista: la loro specificità e la loro esclusività in rapporto al linguaggio. Il primo aspetto riguarda il fatto che esse sono coinvolte in altre funzioni: d'altronde non si tratta di aree essenzialmente umane in quanto presenti in altre specie animali dove controllano funzioni non linguistiche. Non è quindi più possibile guardare al linguaggio umano come a una funzione completamente distaccata dalle sue radici evolutive; un vasto numero di dati anatomici, fisiologici, cognitivi e genetici indicano che lo studio delle specie non dotate di linguaggio può essere estremamente utile per comprendere la natura e l'evoluzione di questa facoltà. Il secondo aspetto è legato al fatto che il linguaggio fa capo a un complesso circuito di aree e nuclei corticali e sottocorticali distribuiti in tutto il cervello in una rete: ad esempio, è ormai assodato che mentre le lesioni delle aree di Broca e Wernicke (i cui confini sono oltremodo imprecisi e variabili) non comportano deficit linguistici in mancanza di danni sottocorticali, le lesioni dei gangli della base producono invece afasie, anche quando la corteccia è risparmiata.

Un modo per tentare di comprendere la natura del linguaggio è quello di inquadrarlo in termini evolutivi. Se si segue questa strategia, è evidente che nel corso del tempo, la corteccia motoria (dove si trovano i neuroni che controllano i muscoli) e quella premotoria (dove si trovano i neuroni che pianificano i movimenti muscolari) hanno sviluppato una crescente capacità di generare sequenze di movimenti concatenati e hanno «contagiato» anche l'area di Broca, implicata nella motricità della mano e del linguaggio, a produrre quei gesti e quelle sequenze di sillabe che sono alla base della comunicazione. Parlare, cioè articolare una sequenza di sillabe, rassomiglia, in termini di eventi muscolari sequenziali, all'azione di scheggiare una selce o scagliare una lancia, a un controllo della motricità che ha preceduto il linguaggio ma che ha anche contribuito a strutturarlo in termini di logica interna motoria. Questo intreccio tra motricità e linguaggio è d'altronde evidente se si considera qual è il mondo di un neonato, fatto appunto all'inizio di movimenti e azioni. Ciò che un neonato inizialmente percepisce, sia pure attraverso il meccanismo ancora sfocato della sua visione imperfetta, è l'affascinante serie di azioni compiute dalle persone che lo circondano. Tutte queste azioni hanno uno schema comune, quello di basarsi su una serie di passi successivi, di essere concatenate attraverso una logica interna, di basarsi su un prima e su un dopo e su conseguenze. Gradualmente il neonato apprende dalla logica interna dei movimenti e delle azioni i principi di sequenzialità e di causalità, essenziali per strutturare il linguaggio, per produrre movimenti fonatori congrui, per ordinare le parole secondo una progressione «logica», simile appunto a quei movimenti che ha visto realizzare precocemente intorno a sé o a quelli che servono nella comunicazione gestuale, un'attività che rimanda al mondo primitivo dei nostri predecessori, più competenti in azioni motorie che non in un vero e proprio linguaggio. I suoni emessi dal lattante, gioia e pianto, conforto e disagio e, successivamente, le prime parole sbocconcellate, rafforzano il principio di causalità: suoni e parole comportano conseguenze, ricevere attenzione, affetto, cibo dagli adulti. La produzione linguistica ha le stesse conseguenze di quei movimenti attraverso cui il lattante può raggiungere oggetti, manipolarli, lasciarli cader, portarli alla bocca...

È stato indicato come la logica del corpo e dei suoi movimenti nel contesto in cui viviamo (su, giù, di lato, dentro, rotazione ecc.) potrebbe costituire il fondamento su cui è costruita la logica operazionale del linguaggio: in base a questa ipotesi, molte delle operazioni motorie sono talmente importanti in termini di esperienze corporee che esse si traducono in classi di percezioni, comportamenti e convenzioni linguistiche abbastanza universali. Così, lo schema di «verticalità», emerge dall'uso che noi facciamo di aspetti dell'esperienza (alzarsi, raggiungere, salire ecc.) che danno forma a concetti e strutture del linguaggio e altre metafore di tipo astratto emergono da esperienze corporee connaturate alle nostre esperienze motorie e percettive. In modo analogo, esperienze cenestesiche come in alto e in basso, destra e sinistra, dentro e fuori, hanno man mano fornito la base fisica e concreta per lo sviluppo di simboli e metafore utilizzate nel linguaggio. Esiste insomma uno stretto intreccio tra motricità e pensiero, sia dal punto di vista della storia naturale umana, sia dal punto di vista ontogenetico, sia da quello del modo in cui la nostra mente funziona oggi.

Il controllo motorio della vocalizzazione, e più in generale di altre funzioni motorie, dipende da un complesso sistema gerarchico costituito da strutture corticali e sottocorticali. La corteccia e i gangli della base sono strettamente allacciati tra loro e controllano sia gli aspetti motivazionali di un movimento (la preparazione all'azione), sia gli aspetti contestuali (l'esecuzione del movimento), sia il suo stato di esecuzione, anche attraverso la partecipazione del cervelletto. Gli studi sui rapporti tra aree cerebrali e linguaggio indicano inoltre che questo dipende da interazioni tra percezioni e azioni: perciò le aree della corteccia cerebrale che elaborano le informazioni sensoriali e controllano i movimenti attraverso il circuito corteccia-gangli della base-corteccia sono anche coinvolte in diversi aspetti delle memorie linguistiche: ad esempio, profferire parole indicative di un colore (rosso, blu, giallo) attiva quelle aree della corteccia temporale ventrale che sono responsabili della percezione dei colori, profferire parole relative ai movimenti (correre, battere, avvitare) attiva aree situate anteriormente a quelle coinvolte nella percezione dei movimenti nonché le aree motorie della corteccia frontale. In termini evolutivi il linguaggio può essere perciò considerato come il prodotto dell'affinamento e potenziamento di una serie di attività cognitive già coinvolte nelle funzioni sensoriali, motorie, nella memoria, nella comunicazione: le attività prettamente linguistiche, tuttavia, sono possibili in quanto esistono strutture nervose che si prendono carico delle memorie motorie implicate nella produzione dei suoni linguistici e delle memorie sensoriali attraverso cui una parola, parlata o scritta, viene riconosciuta e associata al suo significato.

2. Cervello e scrittura

Rispetto agli studi sul linguaggio, quelli sulla scrittura sono più recenti e riguardano prevalentemente i problemi legati alla comprensione e interpretazione della parola scritta e, più di recente, i meccanismi attraverso cui il cervello interpreta i segni, le lettere che formano le parole. Ma vi è anche un'altra dimensione che spesso viene trascurata, pur essendo alla base di una chiara differenza tra la comunicazione orale e quella scritta. Nella scrittura, infatti, l'importanza delle parole cresce in funzione della mancanza di alcuni elementi preverbali e non verbali: durante la lettura non abbiamo la voce dello scrittore, né la sua mimica facciale, i sorrisi, gli sguardi, la gestualità, così potenti nello scambio interpersonale. Più che nel linguaggio parlato, che viene completato da pause, intonazioni, espressioni facciali e gesti, la scrittura deve quindi basarsi su una serie di modalità espressive e di informazioni preziose per capire il pensiero di chi scrive: sono perciò importanti l'accostamento delle parole, il ritmo e le metafore che stimolano l'immaginazione e generano immagini visive.

I tempi della comunicazione orale sono decisamente più rapidi e lasciano meno spazio a quella dimensione tipica della scrittura: delineare situazioni e paesaggi, dell'anima e della natura, che sottendono tempi più lenti e che si basano sul fatto che in qualsiasi momento il lettore possa staccare lo sguardo dal foglio e abbandonarsi alla fantasia, completare con la sua immaginazione le suggestioni che emergono dal testo. Chi scrive è perciò in qualche modo obbligato a ricercare le giuste parole, le giuste frasi.

I primi interrogativi delle caratteristiche della scrittura riguardano dunque le sue radici cerebrali. Dove origina? Quali sono le differenze tra il linguaggio parlato e quello scritto? E così come il primo si è evoluto attraverso un lungo processo evolutivo, attraverso modifiche delle caratteristiche corticali e sottocorticali che hanno interessato in prevalenza l'emisfero sinistro, possiamo dire altrettanto del secondo?

Una prima diversità tra queste due espressioni linguistiche è che il linguaggio scritto deve essere insegnato in modo esplicito ed è meno facilmente padroneggiabile di quello parlato, che i bambini apprendono senza fatica e attraverso un numero limitato di istruzioni esplicite. Una possibile spiegazione per la maggior difficoltà nell'imparare a leggere e scrivere è legata al fatto, come abbiamo anticipato, che il linguaggio scritto risale ad appena qualche migliaio di anni fa, un tempo insufficiente perché si verifichino dei cambiamenti evolutivi delle strutture cerebrali che se ne fanno carico. Perciò Stanislas Dehaene sostiene che lettura e scrittura dipendono da aree nervose che utilizzano delle capacità di riconoscimento visivo-spaziale che sono innate ma che sono prevalentemente caratterizzate da altre funzioni. Queste aree sono state cooptate per leggere e scrivere, sono state usate per svolgere una funzione diversa rispetto a quella originaria. Le strutture di base che ci portano a riconoscere le parole sono infatti già presenti nel sistema visivo dei primati non umani e servono per riconoscere oggetti, vantaggi e pericoli.

Prendiamo, ad esempio, una scimmia che deve riconoscere rapidamente un leone: malgrado esistano differenze individuali tra i leoni questi hanno delle caratteristiche simili e una configurazione che viene riconosciuta dal sistema visivo delle scimmie in tutte le prospettive in cui si presenta un leone (di fronte, di dietro, di lato, dall'alto, dal basso...). Provate ora a disegnare una lettera A maiuscola e allungate un po' la linea orizzontale in modo che superi di poco quelle diagonali. Inserite ora una coppia di punti sopra la linea orizzontale, all'interno del triangolo e rovesciate il disegno: vi apparirà la testa schematica di un toro... D'altronde la lettera A deriva dalla lettera greca alfa, emersa a partire dalla parola *alf* che nell'antica lingua semitica connotava il toro. Il nostro cervello, come avviene a una scimmia che guardi un leone, non ha difficoltà nel riconoscere la forma di una A all'insù, all'ingiù, di lato... In natura esistono varie forme di base che ricorrono di frequente come gli ovali e i triangoli che si ricombinano per formare oggetti complessi come le facce. Alle forme che caratterizzano gli oggetti naturali, come le pietre o gli alberi che riconosciamo malgrado le loro infinite variazioni, noi esseri umani abbiamo aggiunto una serie di icone, simboli che usiamo nella segnaletica stradale ecc. Tutti questi simboli contengono la minima quantità di informazione necessaria a un rapido riconoscimento, un aspetto che viene sfruttato da chi disegna vignette o cartoni animati.

Ma dove e come avviene il riconoscimento delle parole scritte nel cervello? Per rispondere a questa domanda bisogna comprendere come viene gestita l'informazione visiva, talmente importante nella specie umana che vi sono oltre trenta aree specializzate nella gestione delle sue diverse componenti. Le informazioni visive provenienti dal talamo – il nucleo che nella profondità del cervello riceve ogni forma di stimolo sensoriale – vengono convogliate verso la corteccia visiva primaria (detta anche corteccia striata V1 o area , di Brodmann). Questa corteccia è situata soprattutto sulla superficie mediale (interna) degli emisferi cerebrali e si estende di poco verso il loro polo posteriore, occipitale. Intorno alla corteccia striata vi è un'area alquanto estesa detta corteccia visiva extrastriata, suddivisa in differenti aree visive che contengono mappe spaziali del mondo reale basate su particolari aspetti della scena visiva, come colore, movimento, forma ecc. L'informazione visiva che va dalla corteccia striata (V1) a quella extrastriata passa attraverso due vie diverse: la via ventrale, diretta verso il lobo temporale, è legata alla descrizione di forme e caratteristiche degli oggetti (via del «cosa»); la via dorsale che si proietta invece verso il lobo parietale è implicata nel riconoscimento della posizione dell'oggetto nello spazio (via del «dove»; movimento e posizione dell'oggetto nello spazio). È qui, nella corteccia parietale, che si svolgono le attività neurobiologiche legate al riconoscimento visivo delle lettere: come già notato, quest'area è stata «prestata» alla funzione della lettura e della scrittura in quanto questa capacità, poco più antica di sette millenni, ha «parassitato» aree cerebrali altrimenti dedicate a individuare altre caratteristiche spaziali.[3] Infatti, i segni della scrittura, le lettere e i loro insiemi, sono anche entità spaziali, dotate di significati, che vengono decodificate tramite procedure estremamente complesse presenti in forma embrionale, ma nemmeno tanto, nel sistema visuo-spaziale dei primati non umani. È un sistema che consente di riconoscere lettere e parole nella loro versione simmetrica e speculare, che già veniva utilizzata nei geroglifici egiziani o nella Grecia antica: segni e lettere che potevano essere letti in entrambe le direzioni come in un palindromo dei nostri giorni, che sia Roma o Amor o questo aggraziato palindromo francese: «ESOPE RESTE ICI ET SE REPOSE».[4]

La regione parietale della corteccia si attiva sia in risposta a stringhe di lettere coerenti, vale a dire a parole dotate di significato, sia in risposta a stringhe di lettere non pronunciabili: ciò si verifica in aree molto prossime a quelle che sono coinvolte nel riconoscimento delle facce, una funzione spaziale estremamente importante in tutti i primati. Certo, il sistema di riconoscimento della parola scritta è più facile in lingue come l'italiano, lo spagnolo o il finlandese in cui vi è una stretta corrispondenza tra lettere e suoni, mentre in lingue come l'inglese, dove l'ortografia è irregolare, è molto più difficile imparare la corretta ortografia (e ci sono anche conseguenze sulla lettura, e infatti il livello di dislessia è molto più alto nei paesi anglofoni). Ciò rende difficile trovare delle regole che spieghino come le lettere (grafemi) vengano convertite in suoni (fonemi): ad esempio i motivi per cui la combinazione «ph» venga pronunciata in modo diverso in *physiology* (fisiologia) e *uphill* (verso l'alto) o perché due vocaboli assonanti come *bomber* (bombardiere) e *bombard* (bersagliare) siano scritti in modo diverso. Ciò ha indotto alcuni linguisti a ipotizzare che debba esistere una via diretta tra la lettura e la rappresentazione delle parole, vale a dire dall'input ortografico alla rappresentazione nel cosiddetto lessico mentale: questa ipotesi è legata al fatto che a seconda della gravità di forme di dislessia acquisita, cioè legata a danni cerebrali, vi sia un deficit (alessia senza agrafia) in cui è possibile comprendere il linguaggio parlato e produrre il linguaggio scritto ma non leggerlo.

Un secondo aspetto della scrittura riguarda un fatto apparentemente banale: essa viene realizzata attraverso dei movimenti della mano – eccezion fatta per quei software di riconoscimento vocale che traducono il linguaggio parlato in parole scritte – e mette quindi in moto complessi coordinamenti sensorimotori che, per gli adulti, sono quasi automatici mentre per i più piccoli o i meno esperti richiedono attenzione e paziente apprendimento. Nella scrittura si fondono inoltre memorie procedurali – i movimenti della mano necessari a tracciare lettere e parole –, memorie dichiarative legate al lessico mentale e al reperimento di sinonimi, e funzioni esecutive quali la memoria di lavoro attraverso cui si tiene a mente, per tempi più lunghi rispetto al linguaggio parlato, il concetto che si vuole esprimere, l'inizio della frase, il raccordo logico con la frase precedente... La scrittura, insomma, mette in moto la mente e il corpo in un'attività circolare; le parole scaturiscono dalla mente e vengono scritte tramite la mano e i movimenti della mano, a loro volta, inviano segnali alla mente: segnali di cui non siamo consapevoli ma che hanno un ruolo tutt'altro che secondario.

I complessi schemi motori da cui dipende la sequenza temporale dell'attivazione dei muscoli di un arto non è altro che una memoria procedurale: una memoria distribuita tra i circuiti che formano il cervello e che parte da un «semplice» circuito iniziale, quello costituito dai nervi motori che dal cervello discendono nel midollo spinale e dai nervi sensoriali che servono per inviare al cervello informazioni sullo stato di implementazione del movimento. Per prove ed errori, il movimento verrà corretto, affinato e infine consegnato a una memoria che codifica il suo schema e ne consente la realizzazione in forma stereotipata, fluida. D'altronde, potrete rendervi conto del lungo processo di apprendimento motorio pensando alla difficoltà che ha presentato l'apprendimento della scrittura, quando eravate piccoli, e alla fluidità con cui scrivete oggi.

3. Dalla scrittura alla mente estesa

Quando pensiamo alla scrittura consideriamo, com'è ovvio, il ruolo che essa ha avuto e ancora ha nella trasmissione di memorie da una generazione all'altra: oppure possiamo meditare su quella sorta di autoanalisi che coinvolge chi scrive. La mano traccia velocemente le parole quando siamo certi del nostro pensiero, o almeno così riteniamo in quel momento; oppure indugia quando siamo alla ricerca di memorie o di un concetto o di una diversa modalità espressiva; oppure cancella quanto abbiamo appena scritto sul foglio o sullo schermo di un computer, parole che non corrispondono a quanto vorremmo o che riteniamo inopportune o non in linea coi nostri fini. Ma la scrittura è molto di più: non ha soltanto una dimensione di servizio o estetica, non è soltanto un mezzo per esprimere il nostro pensiero, è invece una «estensione» della mente, per usare un termine che è stato introdotto anni or sono dal filosofo cognitivo Andy Clark e dal filosofo David Chalmers.[5]

Molti si chiedono perciò se tutte le caratteristiche della nostra mente debbano essere rintracciate nell'ambito dei confini cerebrali o se la mente non esista invece in una versione estesa: ragion per cui invece di parlare di software bisognerebbe cambiare punto di vista e parlare di *wideware*, di una struttura allargata che dipende da varie tecnologie cognitive, come il linguaggio, in grado di espandere e dare nuove forme alla ragione umana. Questo termine, *wideware*, è stato usato per la prima volta da Andy Clark per indicare una mente che origina dall'incontro di cervello, corpo e realtà esterna. È un concetto secondo cui le funzioni mentali vengono anche definite da estensioni quali le etichette linguistiche e i diversi supporti di scrittura che si sono susseguiti nei secoli, dalle tavolette d'argilla ai block notes, ai computer.

Secondo lo psicologo cognitivo James L. McClelland[6] le strategie cognitive degli esseri umani travalicano i confini della mente in quanto siamo in grado di combinare quelle operazioni di cui è capace il nostro sistema nervoso con un insieme di operazioni e strumenti esterni, essenziali per ridurre problemi complessi a operazioni più semplici, adatte alle caratteristiche della nostra mente. Ad esempio, possiamo risolvere lunghe moltiplicazioni attraverso l'uso di penna, carta e simboli numerici: partendo da questi simboli e visualizzandoli o «immagazzinandoli» all'esterno della mente, cioè riversandoli su un foglio di carta, possiamo compiere una serie di manipolazioni simboliche che ci consentono di ridurre un problema complesso, come una moltiplicazione o una divisione a più cifre, a una sequenza di passi più semplici. Applichiamo lo stesso criterio alle divisioni o alla soluzione di sistemi ed equazioni che dobbiamo trascrivere su carta perché difficilmente saremmo in grado di tenerle ed eseguirle a mente. Allo stesso modo, la scrittura ci consente di «riversare» al di fuori della nostra mente, raffinando la loro forma, quelle storie, riflessioni, composizioni poetiche che difficilmente potremmo elaborare a mente e ancor più difficilmente tenere in memoria, malgrado l'esistenza nel passato di veri e propri libri viventi.

Daniel Dennett, uno dei più noti filosofi della mente contemporanei, parla degli esseri umani come di macchine cognitive, nel senso che creano e traggono vantaggio da strumenti esterni, tra cui le tecnologie dell'informazione, che consentono loro di codificare e manipolare la realtà; quest'ultima, a sua volta, agisce sul pensiero modificandolo.[7] Sono perciò gli esseri umani a creare un contesto cognitivo da cui conseguono vantaggi, al punto che è difficile separare i due aspetti, quello interno, cerebrale, e quello esterno, insito nell'ambiente che abbiamo modificato attraverso una tecnologia cognitiva tipica degli esseri umani, basata su particolari «etichette» con cui caratterizziamo oggetti e concetti astratti: le parole. È grazie a questa «tecnologia» che si trasforma il modo in cui pensiamo e ragioniamo: una parola, soprattutto se scritta, ha infatti la capacità di esteriorizzare il nostro pensiero e di mutarlo in una serie di mattoni cognitivi con cui in seguito costruire ulteriori forme di pensiero e di apprendimento. Senza le parole, un mezzo astratto con cui indichiamo oggetti e concetti, etichette attraverso cui viene esteriorizzata un'idea, non saremmo in grado di compiere generalizzazioni e veri e propri salti del pensiero.

Ma cos'è una macchina cognitiva e perché questo concetto rimanda a quello di mente estesa? Per spiegare questo punto si può utilizzare un'analogia un po' bizzarra, basata sulle caratteristiche comportamentali di alcuni pesci, come i tonni, che superano i propri limiti nel nuoto. I tonni, infatti, non sarebbero capaci di nuotare velocemente se non facessero parte di quella che Michael S. e George Triantafyllou chiamano una «macchina per nuotare». Lo studio delle caratteristiche fisiche del tonno ha dimostrato che questo pesce non potrebbe essere in grado di nuotare con la velocità di cui si dimostra capace né di accellerare e scattare nell'acqua. Il suo apparato muscolare non gli consentirebbe infatti le notevoli abilità di nuoto che lo caratterizzano se non creasse e sfruttasse forme supplementari di propulsione e di controllo dell'ambiente acquatico. Ad esempio, non solo mette a profitto i mulinelli e i vortici dell'acqua per guadagnare velocità, ma agita anche le pinne della coda per creare nuovi vortici e variazioni di pressione di cui si serve per dare origine a scatti e accelerazioni: la vera macchina per nuotare è quindi il pesce nel suo contesto di nuoto, una macchina estesa come quella cognitiva degli esseri umani.

Anche la realtà virtuale rappresenta un'estensione della mente e i suoi scenari sono vicini al mondo delle immagini mentali, quel processo attraverso cui ci rappresentiamo, in modo più o meno fantastico, scenari immaginari. Così, la realtà virtuale che caratterizza i videogiochi non è che la proiezione tecnologica di un'attività tipica della nostra mente: il virtuale esiste al di fuori di noi in quanto è in noi. Grazie al virtuale è possibile simulare le nostre rappresentazioni interne rendendole accessibili alla manipolazione, alle modifiche: anche il virtuale fa dunque parte delle caratteristiche della mente estesa, è una tecnologia cognitiva, basata sull'esteriorizzazione del nostro pensiero che, al pari della scrittura, ha un impatto notevole sulle nostre capacità di pensare e imparare.

La simbiosi tra cervello e tecnologia è antica e risale all'uomo della pietra quando vennero prodotti i primi manufatti litici. Produrre questi oggetti non implicava soltanto un complesso coordinamento motorio della mano ma anche un piano in cui fossero stabilite le sequenze di azioni necessarie a dar vita a un oggetto con le caratteristiche desiderate. Questa capacità tecnologica, per quanto ci appaia essenziale, ha prodotto un cervello diverso rispetto a quello primitivo: generazione dopo generazione, questa simbiosi è stata al centro di un circolo virtuoso che ha consentito alle menti umane raggiungimenti altrimenti impossibili. Linguaggio e tecnologie formano dunque quella mente estesa di cui abbiamo già parlato, una mente che ci porta al di fuori dei confini del nostro corpo e anche, quindi, dei confini del sé. Per spiegare questo concetto si può ricorrere a un'analogia di tipo fisico-tecnologico proposta da Andy Clark e David Chalmers. L'analogia si basa sull'esempio del lavoro di un operaio che sposta una massa di terra con un bulldozer: la macchina aumenta la sua forza muscolare così come gli ausili tecnologici che spesso utilizziamo, dalla carta al computer, aumentano le potenzialità della nostra mente. Perché consideriamo che la macchina aumenti la forza muscolare dell'operaio mentre siamo meno propensi ad ammettere che del nostro pensiero facciano anche parte gli ausili tecnologici di cui si serve e guardiamo al prodotto intellettuale che ne deriva come al prodotto esclusivo dei *nostri* sforzi?

La questione dei limiti o meglio dei confini della mente diviene ancora più intricata quando non ci limitiamo a considerare i rapporti con semplici tecnologie come il quaderno su cui prendiamo appunti o facciamo dei calcoli o l'album su cui il pittore traccia il bozzetto del dipinto che ha in mente, ma i rapporti tra la mente e un software, un programma per computer. In questo caso ci sono due possibilità, una che potremmo definire «esterna» e l'altra «interna», in quanto implica una vera e propria fusione tra elettronica e sistema nervoso. Consideriamo la prima possibilità e immaginiamo che a partire dall'infanzia utilizziamo dei programmi, o *software agents* che dir si voglia, come avviene ad esempio con un motore di ricerca: man mano, i programmi informatici si perfezionano e una persona che cresce con loro si adatta alla nuova realtà, al punto che il sistema intelligente è ormai composto dall'associazione tra l'agente biologico (l'essere umano) *e* il software agent. Ora facciamo l'ipotesi che, all'improvviso, non possiamo più utilizzare quel software, come può avvenire a un agente di borsa nel corso di un blackout: è il singolo individuo che subisce una menomazione oppure questa dipende dal fatto che è il sistema individuo-programma ad essere qualcosa di integrato?

4. Manipolare il cervello

Uno degli aspetti che caratterizzano la nostra mente è quindi la sua «estensione» al di fuori dei confini cerebrali: un possibile interfacciamento tra sistema nervoso e sistemi elettronici costituirebbe un'ulteriore evoluzione di una tendenza iniziata quando gli esseri umani hanno cominciato a utilizzare amplificatori dei propri muscoli – leve, clave, ruote – e dei propri sensi, dagli occhiali alle protesi acustiche. Certamente, lo sviluppo di «protesi» cognitive costituirebbe un notevole giro di boa ma già oggi lo studio a livello sperimentale di protesi elettroniche – acustiche o visive – o di sistemi per agire su una tastiera virtuale sfruttando, attraverso variazioni dell'attività della corteccia indotte volontariamente, rappresentano l'ingresso in una bionica sempre più espansa e a una crescente difficoltà di delimitare i confini della mente entro il cervello, come dimostra l'evoluzione di tecniche che consentono di modificare la funzione nervosa o di rilevarne e amplificarne alcuni aspetti per interagire con un computer o altri circuiti elettronici.

In passato gli interventi sul cervello erano basati su tecniche di tipo neurochirurgico, erano prevalentemente rivolti alla terapia di processi patologici (neoplasie, focolai epilettici, vasculopatie) e comportavano alterazioni irreversibili dei circuiti cerebrali. Oggi, invece, esistono interventi quali la stimolazione magnetica transcranica e le tecniche di neuromodulazione (basate sulla stimolazione elettrica attraverso un pacemaker che altera i processi di conduzione nervosa), caratterizzati da conseguenze reversibili. L'impianto di elettrodi per modulare l'attività del nervo vago e dei gangli della base ha infatti dischiuso nuove possibilità rispettivamente nel controllo dell'epilessia, della depressione e del morbo di Parkinson.

Il principale settore di applicazione della stimolazione cerebrale profonda (DBS), effettuata a mezzo di elettrodi connessi a un pacemaker, riguarda oggi la modulazione dell'attività dei gangli della base e del talamo per attenuare la sintomatologia del Parkinson. È noto da tempo che la stimolazione elettrica del globo pallido interno e del nucleo subtalamico riduce la lentezza dei movimenti, il tremore, la rigidità e le alterazioni posturali e della deambulazione. La stimolazione del nucleo ventrale intermedio del talamo attenua il tremore, soprattutto in pazienti giovani. Nei pazienti parkinsoniani sottoposti a DBS subtalamica è stato anche notato il miglioramento di eventuali disturbi ossessivo-compulsivi e dell'umore. Questo fatto ha allargato l'impiego della DBS dal controllo dei problemi della motricità (come nel caso del Parkinson) a quello di alterazioni dell'umore e degli stati ossessivo-compulsivi, vale a dire di quelle che sono spesso ritenute attività «puramente mentali» e non «banalmente» motorie. Diversi studi hanno indicato che la stimolazione bilaterale della parte anteriore della capsula interna ha effetti positivi sui disturbi ossessivo-compulsivi, tali da rendere questo intervento preferibile alla discussa operazione (irreversibile) di capsulotomia. Man mano che verranno chiariti con maggior precisione i meccanismi neurobiologici alla base dei disturbi ossessivo-compulsivi la stimolazione cerebrale profonda potrebbe divenire un metodo accettabile, comunque senza dubbio preferibile a strategie neurochirurgiche irreversibili.

I progressi in campo neurobiologico degli ultimi anni stanno gettando le basi di una psicochirurgia «costruttiva», basata sull'aumento o la stimolazione di una funzione nervosa, piuttosto che demolitiva. In quest'ambito bisogna annoverare l'iniezione intracerebrale di materiale genetico (attraverso vettori virali) o cellulare: una terapia genica attraverso la somministrazione di vettori virali, (herpes o adenovirus) è già stata tentata per malattie di tipo tumorale e per l'epilessia[8] ed è quindi immaginabile che una maggior conoscenza di alcune malattie psichiatriche possa portare a una strategia simile. Altrettanto può dirsi per la terapia basata su cellule staminali, anche se essa comporta tuttora numerosi problemi di tipo etico, pratico e connessi alla sicurezza di questa tecnologia.[9]

La neuromodulazione e altre tecniche di stimolazione cerebrale rimandano quindi a nuove forme di intervento sulla funzione nervosa e, più in generale, sulla connessione tra sistemi biologici ed elettronici. Negli ultimi anni si è giunti a interfacciare il sistema nervoso grazie all'impianto di elettrodi connessi a stimolatori e circuiti elettronici. Ad esempio, alcune protesi acustiche si basano sul principio di utilizzare un circuito elettronico (impiantato sottocute) per trasformare i suoni provenienti da un microfono in impulsi elettrici e inviarli direttamente al nervo cocleare attraverso una serie di minuscoli elettrodi impiantati in diversi punti delle fibre nervose. Il cervello ha quindi sensazioni (uditive) tramite un'interfaccia elettronica ed è in grado di reinterpretare, dal punto di vista cognitivo, il nuovo tipo di input provenienti dalla protesi. Strategie simili sono allo studio per ovviare a quei tipi di cecità che derivano da lesioni della retina o dell'occhio. Le interfacce elettroniche vengono anche sperimentate sul midollo spinale per tentare di ovviare alle conseguenze di lesioni traumatiche che comportano la sezione delle fibre che collegano i muscoli e i territori periferici al cervello, implicando forme di paralisi irreversibili. Per ovviare a questi danni sono stati sperimentati «ponti» elettronici che captano e rielaborano i segnali nervosi a monte della lesione e li trasmettono a valle, vale a dire in direzione dei nervi che agiscono sui muscoli.[10]

Interfacciare i neuroni con materiali artificiali, e in particolare con elementi al silicio, rappresenta l'ultima frontiera della bionica. Oggi è possibile formare reti neurali biologico-artificiali in cui i neuroni rispondono ai segnali elettrici emessi da microscopici elettrodi in grado di entrare in contatto con le sinapsi nervose: ma gli stessi elettrodi possono rispondere ai segnali dei neuroni e convogliare gli impulsi elettrici in direzione di un chip che li analizza. L'elaborazione di reti neurali «miste» potrebbe aprire nuove strade sia nel campo dell'informatica, sia in quello delle protesi. Si tratta infatti di sviluppare modelli che imitino le funzioni dell'ippocampo umano e possano dare luogo a protesi che suppliscano alla perdita di funzioni cognitive e mnemoniche. Ad esempio, stimolando ripetutamente l'ippocampo di diverse specie animali e analizzando le modifiche elettriche che si verificano in questo nucleo al centro dei processi di memorizzazione è stato possibile elaborare un modello biomatematico del trattamento dell'informazione e implementarlo in un ippocampo elettronico analogo a quello naturale, che trasforma i segnali in entrata in segnali in uscita simili a quelli di un vero ippocampo.[11] In prospettiva si tratta di valutare se questa protesi elettronica funzioni in animali con lesioni dell'ippocampo e appurare se essa, raccordata grazie a numerosi elettrodi con le fibre nervose in entrata e in uscita, sia in grado di svolgere la funzione dell'ippocampo leso. Se i risultati saranno positivi, i confini tra naturale e artificiale saranno sempre più tenui e verrà compiuto un ulteriore passo in avanti nella direzione di neuroprotesi basate sull'interfacciamento tra sistemi biologici ed elettronici.

La neuromodulazione e le interfacce col sistema nervoso sono solo una parte di più vaste prospettive che implicano una crescente possibilità di alterare le funzioni cerebrali e intervenire su alcuni aspetti della mente.[12] Ad esempio, per quanto riguarda le funzioni cognitive ed esecutive è in corso la ricerca su farmaci che potenzino la memoria e la capacità di attenzione. Gli approcci riguardano tre diverse strategie: l'impiego di sostanze come le ampakine, che favoriscono la depolarizzazione (stato di eccitazione dei neuroni) promuovendo il consolidamento della memoria, vale a dire il passaggio da una forma di memoria a breve termine e instabile a una forma a lungo termine e stabile, e di altre sostanze che portano allo stesso risultato tramite un potenziamento dei sistemi di trascrizione cellulare che regolano l'azione dei geni implicati nell'attività nervosa. La richiesta di potenziatori cognitivi supera le prospettive prettamente terapeutiche (deficit cognitivi della terza età) e investe il campo del miglioramento: basti pensare che nel 2005 oltre il 16% degli studenti universitari statunitensi assumeva il metilfenidato (Ritalin) e/o derivati della destro-amfetamina (una molecola che potenzia l'attenzione e contrasta la stanchezza) non per contrastare una condizione patologica, quale la cosiddetta iperattività o ADHD, ma come potenziatori cognitivi.[13]

Le prospettive di un settore composito che spazia dai farmaci che potenziano le funzioni cognitive alle neuroprotesi pongono quindi interrogativi che spesso superano la loro dimensione terapeutica, in quanto rimandano a dei punti di transizione, quasi impercettibili, in cui dalla correzione del patologico si può andare verso il miglioramento di ciò che è blandamente patologico oppure verso un puro e semplice miglioramento.

5. Decisioni consapevoli?

Man mano che ci addentriamo nei processi mentali e ci allontaniamo dalla concretezza delle funzioni motorie – il parlare e lo scrivere hanno indubbiamente un corrispettivo motorio – il cammino si fa più arduo. Saremo anche condizionati da predisposizioni biologiche, da aree specializzate nel linguaggio, da centri che governano i nostri movimenti: eppure siamo noi a decidere se parlare o tacere, intraprendere un'azione o astenerci dal farlo. Non è questo un esempio dell'autonomia del mentale sulla fisicità cerebrale? Ma soprattutto, non è l'Io a decidere in piena autonomia? Rispondere a questa domanda non è facile perché, al di là dei condizionamenti individuali e sociali, oggetto di tanti studi e dibattiti, anche il mondo delle decisioni e delle scelte mostra numerose crepe rispetto al passato, in quanto le neuroscienze pongono in dubbio alcuni capisaldi del libero arbitrio: la consapevolezza e la razionalità dell'Io.

Iniziamo dal primo aspetto, quello relativo alla consapevolezza delle nostre decisioni. In quest'ambito, il contributo più noto e discusso è probabilmente quello del neurofisiologo Benjamin Libet: questo scienziato ha svolto una lunga serie di esperimenti escogitati al fine di studiare i meccanismi alla base dei processi decisionali e i rapporti che esistono tra decisioni consapevoli e processi neurali.[14] Nel più celebre dei suoi esperimenti, Libet chiede al soggetto di compiere un semplice movimento come la flessione di un dito; questo movimento deve essere compiuto spontaneamente, quando il soggetto ha avvertito l'impulso a compierlo. Allo stesso tempo, il soggetto deve controllare, attraverso uno speciale orologio, il momento esatto in cui avverte l'impulso a flettere il dito mentre un'apparecchiatura misura l'attività elettrica del suo cervello. Libet, ripetendo questo esperimento per centinaia di volte, ha osservato che il soggetto avverte l'impulso a flettere il dito circa 200 millisecondi prima dell'azione. Il dato più interessante, tuttavia, è che 550 millisecondi prima del compimento di quest'azione (e dunque 250 millisecondi prima che il soggetto sia consapevole dell'impulso a flettere il dito) nel cervello del soggetto si verifica un aumento dell'attività elettrica (il cosiddetto potenziale di prontezza) che è correlato all'esecuzione dell'azione. Secondo Libet ciò indica che la decisione, vale a dire la volontà di agire in un dato modo, ha una causa inconscia e dunque non può essere definita libera, nel senso che la tradizione filosofica ha dato a questo termine. Al soggetto resta però, secondo Libet, una sorta di «libertà di veto», nel senso che nei 200 millisecondi che separano la consapevolezza dell'impulso a piegare il dito e l'effettivo compimento di quest'azione l'agente può decidere di interrompere la catena causale che porterebbe a tale azione.

Anche se numerosi neuroscienziati e filosofi hanno espresso dubbi sul significato degli esperimenti di Libet, in particolare sulla loro valutazione in termini di libero arbitrio, i suoi risultati sollevano il problema dei rapporti tra consapevolezza e decisioni o, perlomeno, su una dissociazione tra i tempi in cui la decisione viene presa e i tempi in cui se ne ha consapevolezza. Altre ricerche vanno in questa direzione, rilevando appunto la componente inconscia del processo decisionale. In un recente esperimento basato sulla raffinata tecnica della *pattern recognition* (riconoscimento della struttura dell'attività dei neuroni corticali), si richiedeva ai soggetti sperimentali di rilassarsi mentre tenevano il dito indice e quello medio poggiati su due pulsanti e fissavano il centro di uno schermo sul quale scorreva una serie di lettere dell'alfabeto. In seguito era chiesto loro di scegliere liberamente, quando avvertivano un impulso in tal senso, se premere il pulsante destro o quello sinistro, verificando quale lettera appariva in quel momento sullo schermo; nel frattempo gli sperimentatori misuravano, per mezzo della risonanza magnetica funzionale (fMRI), la risposta emodinamica del cervello. Il sorprendente risultato è stato che, sulla base della risposta emodinamica cerebrale, che anticipava ampiamente (sino a 10 secondi) la decisione consapevole da parte dei soggetti, gli sperimentatori erano in grado di prevedere con un buon margine di accuratezza se la loro decisione sarebbe stata quella di premere il bottone destro o il sinistro. Ciò indicherebbe che la decisione è preparata a un livello inconscio da 5 a 10 secondi prima della sua attuazione. Questo intervallo di diversi secondi è legato al fatto che le reti nervose che controllano il nostro comportamento (decidendo ad esempio se e quale scelta operare) iniziano a preparare la decisione futura prima che questa si manifesti in modo consapevole.

Sappiamo che numerose attività cerebrali avvengono in modo automatico e non implicano una partecipazione della coscienza, che sovraccaricherebbe il cervello nell'esecuzione di diverse attività di routine: tuttavia, quando si ha a che fare con le decisioni, assumiamo che queste dipendano da una mente consapevole: in realtà, come mostrano questi e altri dati, la mente prende atto a posteriori di quanto avviene; oppure ciò si verifica in uno spazio a cavallo tra conscio e inconscio.

Un altro aspetto delle decisioni è che non sempre esse si basano su procedure logico-razionali, ma fanno capo all'istinto. Immaginate di giocare sulla spiaggia con un amico: vi siete messi molto distanti l'uno dall'altro e il gioco consiste nell'acchiappare una palla di gomma dura lanciata in modo imprevedibile, a volte velocemente, altre volte in modo che percorra una lenta parabola. In che modo riuscite ad acchiappare la palla che ricade dall'alto nella vostra direzione? Le variabili sono tante: la sua velocità, la sua rotazione, la resistenza del vento e via dicendo. Per la vostra mente sarebbe impossibile calcolarle, soprattutto nel giro di pochi secondi, eppure, molto spesso ci riuscite applicando una strategia intuitiva. La strategia consiste nel correre regolando la velocità in modo da tenere costante l'angolo dello sguardo nei confronti della palla. In questo modo un giocatore di baseball riesce ad acchiappare la palla anche quando il tiro sembra irraggiungibile: ha semplicemente messo in atto un'euristica intuitiva o, in parole povere, una strategia scelta senza pensarci troppo, senza essere consapevole del procedimento logico che ne è alla base.

Questo è soltanto uno dei tanti esempi che indicano come a volte decidiamo utilizzando strategie estranee alla consapevolezza e a una valutazione razionale: d'altronde, se la nostra mente dovesse esercitare troppi calcoli complicati per risolvere molte situazioni della vita quotidiana, saremmo condannati all'immobilismo. Quando si tratta di decidere che fare, la mente deve, da un lato, adattarsi a ciò che percepisce dal punto di vista dei sensi o più in generale della comprensione della realtà e, dall'altro, praticare una strategia decisionale che non dipende, generalmente, dalla semplice analisi logica della realtà. Come abbiamo appena visto nell'esempio della palla, esiste un'evidente dissociazione tra le informazioni ricevute dagli organi sensoriali e la loro rielaborazione a opera del cervello: esiste quindi una percezione finalizzata a fornirci immagini del mondo in chiave umana anziché fisica, soggettiva anziché obiettiva.

Diversi meccanismi percettivi e cognitivi funzionano in certe condizioni, dimostrando che essi sono il prodotto di un processo evolutivo che ha partorito soluzioni adatte a un particolare ambiente o nicchia e inadatte ad altre. Lo psicologo Gerd Gigerenzer[15] sostiene che le strategie cognitive che sono alla base del ragionamento umano sono state plasmate in base ad adattamenti evolutivi e che possono fallire in numerosi casi. Sono soprattutto i ragionamenti che comportano un calcolo delle probabilità a essere lontani dalle euristiche della nostra mente, cioè dalla nostra capacità di risolvere problemi in modo empirico. Ciò non significa che le menti umane non abbiano la capacità di ragionare in modo bayesiano (probabilistico), ma che la nostra capacità di rappresentare la realtà ha dei problemi quando l'informazione si presenta in modo diverso rispetto a quanto si verifica per le sequenze naturali. Nelle situazioni che si basano invece su una realtà più vicina agli interessi e ai rapporti sociali, vale a dire alla nostra natura, la mente umana dimostra una maggiore capacità analitica ed è in grado di decidere in modo più immediato.

Siamo quindi predisposti verso alcune scelte e decisioni e in maggiore difficoltà quando ci distacchiamo da una situazione naturale? Questa prospettiva, sviluppata da Leda Cosmides e John Tooby,[16] si propone di spiegare le proprietà e i meccanismi psicologici, nonché alcuni fenomeni culturali come l'etica e la religione, nei termini di predisposizioni specie-specifiche di origine evolutiva. Secondo la psicologia evoluzionistica il cervello è un sistema fisico che è evoluto attraverso lo sviluppo di circuiti selezionati dalla selezione naturale perché appropriati alle sfide della situazione ambientale. Il cervello degli esseri umani sarebbe strutturato ancora oggi in moduli specializzati nella risoluzione dei problemi che l'*Homo sapiens* doveva affrontare nel suo lontano passato e quindi il nostro cranio ospiterebbe una mente che non è cambiata rispetto all'età della pietra: alcune scelte sono rapide quando vicine al nostro mondo, più lente e complesse quando implicano un ragionamento astratto. Ad esempio, se si presentano quattro cartoncini su cui sono scritti rispettivamente le lettere e i numeri «D», «F», «3», «5» e si chiede: «se un cartoncino ha una D su un lato, sull'altro deve avere 3, quanti cartoncini giri»? le persone rispondono con qualche difficoltà a questa domanda. Se invece si presentano quattro cartoncini su cui sono scritti rispettivamente le parole e i numeri «Birra», «bevanda analcolica», «25», «17» e si chiede: «Il barman non deve dare da bere ai minori: le carte indicano da un lato l'età, dall'altro cosa bevono i ragazzi. Quali carte giri?» le persone rispondono rapidamente «Birra» e «17».

Daniel Kahneman e Amos Tversky hanno indicato come il modo in cui è presentato un problema «appanna» la logica interna del problema stesso e innesca corto-circuiti mentali che comportano decisioni irrazionali.[17] Ad esempio, un ormai classico studio pubblicato sul «New England Journal of Medicine» indica come gli stessi medici scelgano diversi trattamenti, nel caso specifico una strategia terapeutica rivolta alla cura di un tumore, se le conseguenze della terapia prescelta vengono poste in termini di possibilità di sopravvivere o di morire. Se si afferma che nel caso della «terapia A» si salverà sicuramente il 30% dei pazienti e che nel caso della «terapia B» morirà sicuramente il 70% dei pazienti, la maggior parte dei medici risponde rapidamente scegliendo la prima soluzione, anche se le ricadute sono numericamente identiche. Se è quindi vero che nella maggior parte delle situazioni quotidiane la logica «intuitiva» funziona e assicura un indubbio risparmio di tempi ed energie mentali, è anche evidente che la mente umana può dimostrare le sue debolezze in numerose condizioni a causa delle trappole cognitive in cui può cadere o della complessità delle situazioni in cui siamo immersi.

6. Decisioni economiche tra profitto e fiducia

I principi dell'economia, come l'equilibrio di Nash[18] che assume che in modo consapevole e razionale tendiamo a massimizzare i profitti individuali, sono spesso violati, senza che ciò implichi necessariamente che la gente si comporti in modo assolutamente irrazionale. Gli esperti in «psicoeconomia», coloro cioè che considerano le scelte e le decisioni economiche in termini psicologici, sostengono, infatti, che le persone seguono regole approssimative quando si confrontano con problemi complessi e che queste regole possono essere efficienti nella misura in cui riducono la complessità dei processi cognitivi – cioè la mole di dati che il nostro cervello deve elaborare e di opzioni che deve considerare – senza discostarsi troppo dalle scelte ottimali. Chi deve compiere scelte di questo tipo ritiene, in cuor suo, che il mondo reale in cui vive non sia regolato da principi che pongano in scacco il suo modo approssimativo di ragionare: questa strategia, alla lunga, può portare a una massimizzazione dei vantaggi non molto diversa rispetto a quella che deriverebbe da una strategia improntata a una pura razionalità.

Per spiegare in parte questo e altri comportamenti Herbert Simon, premio Nobel per l'economia, ha coniato il termine *satisfice* (accontentarsi), in opposizione a *optimize* (massimizzare): la gente, cioè, tenderebbe ad accontentarsi, piuttosto che a massimizzare, scegliendo un percorso decisionale che soddisfi la maggior parte dei desideri. Agendo in tal modo, le persone si comportano istintivamente come filosofi che sanno che la vita è imperfetta e che in genere non è facile compiere le scelte migliori del mondo, ammesso che queste esistano. Ad esempio, si accontentano di un'automobile o di un appartamento che abbia un certo numero di caratteristiche ottimali, anche se sanno che probabilmente ne esistono di migliori. Simon sostiene che esiste un limite alle caratteristiche adattative del comportamento degli uomini nelle decisioni di tipo economico e ricorre a un paragone tratto dalle scienze naturali che ha al suo centro l'adattamento degli organismi.

Nel corso dell'evoluzione gli organismi viventi devono adattarsi all'ambiente attraverso alcune modifiche delle loro caratteristiche: generazione dopo generazione, sopravvivono quegli organismi in possesso di alcuni caratteri utili che verranno pertanto sempre più diffusi nelle generazioni future. È in questo modo che una specie si adatta a un ambiente che cambia e che pone nuovi problemi. Ma questo processo evolutivo non implica che gli organismi mettano in atto la risposta più adatta in assoluto a un certo ambiente: basta una risposta soddisfacente che garantisca la sopravvivenza. Così il comportamento umano in rapporto alle scelte di tipo economico sarebbe improntato a un criterio «soddisfacente», come sostengono le teorie delle decisioni aperte a una razionalità improntata alle caratteristiche della mente umana.

Una di queste caratteristiche, tipiche di una specie in cui l'organizzazione sociale ha un posto importante, riguarda la fiducia, oggetto di numerosi studi empirici che in gran parte si basano sulla teoria dei giochi. In un ormai classico test, basato su una variante del cosiddetto *investment game*,[19] il *trust game*, il giocatore 1 deve decidere se inviare parte della sua vincita di 10 euro al giocatore 2. Se lo fa, la sua vincita sarà triplicata e il partner anonimo può decidere di restituire tutto, parte o nulla dei soldi. Ma perché il giocatore 2 dovrebbe rinunciare a qualcosa e perché il giocatore 1 dovrebbe fidarsi? Secondo il cosiddetto equilibrio di Nash, nel corso delle transazioni economiche tra persone estranee, quando una persona decide in base alle possibili risposte di un'altra persona, il livello ottimale di fiducia è zero. Eppure, a dispetto dell'ortodossia economica, metà dei giocatori 1 invia un po' di soldi e il 75% dei giocatori 2, nel ricevere i soldi ne restituisce una parte.

Perché si agisce in base alla fiducia? Secondo i fautori della cosiddetta neuroeconomia, come ad esempio Paul Zak, gli economisti classici si basano su spiegazioni essenzialmente razionali del comportamento umano e non danno sufficiente spazio alla fiducia perché ignorano i suoi aspetti cerebrali. Da un lato c'è un'intelligenza «machiavellica», dall'altro un cervello sociale improntato alla fiducia, caratteristica importante per una specie sociale come quella umana.

Ma esiste una base biologica della fiducia? Negli animali esistono comportamenti prosociali – dal *bonding* madre-piccolo a quello sessuale sino al *grooming* ecc. – tutti legati alla produzione di ossitocina, l'ormone implicato nelle contrazioni uterine del parto e nell'allattamento. L'ossitocina viene prodotta in seguito alle esperienze piacevoli, cibo e sesso inclusi, sotto l'azione del parasimpatico, il sistema nervoso del ricupero, del *rest and digest*, della sicurezza. Il simpatico è invece associato allo stress. Si tratta di un sistema che sopprime i comportamenti negativi legati all'individualità (paura, attacco, diffidenza verso l'estraneo) e favorisce quelli di attaccamento (sesso, attaccamento, allattamento, cooperazione). Studiando ciò che avviene nel cervello dei giocatori nell'ambito del *trust game*, Zak ha mostrato che quando il giocatore 2 riceve una somma di denaro più forte produce più ossitocina e restituisce una somma superiore.[20] L'esistenza di basi biologiche della fiducia può sembrare in contraddizione con i principi dell'economia classica, come l'equilibrio di Nash che assume che in modo consapevole e razionale tendiamo a massimizzare i profitti individuali. Eppure anche la cooperazione è un impulso primitivo che emerge da aree antiche del cervello. L'ossitocina, in realtà, non aumenta quando abbiamo fiducia ma quando percepiamo che qualcun altro ha fiducia in noi: dal punto di vista della mente si tratta di discriminare tra il nostro punto di vista e quello altrui, cioè elaborare una teoria della mente, focalizzare l'attenzione sugli interessi di un altro, e infine saper posporre la gratificazione. Come indicano le analisi del funzionamento cerebrale basate sul *neuroimaging*, nelle persone che dimostrano fiducia, aumenta l'attività della corteccia prefrontale (aree di Brodmann 8 e 10) e dei centri della ricompensa. Al contrario, nelle persone che non hanno fiducia non esiste alcuna attivazione di Brodmann 8 e 10 e dei centri della ricompensa.[21]

In sostanza la combinazione tra una «teoria della mente» e il differimento del rinforzo sono due aspetti centrali della fiducia in economia. La fiducia è un meccanismo adattativo dal punto di vista evolutivo: tuttavia i livelli di fiducia, come indica «The World Values Survey» elaborato dall'Università del Michigan ad Ann Arbor, variano enormemente, tra il 65% in Norvegia e il 5% in Brasile: nei paesi in cui questo indice è al di sotto del 30% (Centro America, Africa) esiste una *poverty trap* basata sul sospetto.

7. Controllo esecutivo delle decisioni

Per quanto possa sembrare ovvio, per decidere e agire bisogna prestare attenzione. I meccanismi implicati nel controllo dell'azione sono stati studiati da numerosi neuroscienziati, in particolare da Tim Shallice e Donald Norman, che sostengono che il controllo dell'azione è un processo competitivo, basato su due tipi di selezione.[22] Il primo tipo è passivo-competitivo nel senso, ad esempio, che non possiamo guardare in due posti allo stesso tempo o prendere simultaneamente bicchiere e forchetta. Dal punto di vista percettivo, questo meccanismo fa sì che prestiamo attenzione selettiva a un evento, escludendone un altro: se parliamo al telefono e ascoltiamo il nostro interlocutore, abbiamo difficoltà a prestare orecchio a quanto ci sta sussurrando una persona al nostro fianco. L'attenzione è prevalentemente centrata sull'interlocutore oppure su quanto ci sta dicendo la persona al nostro fianco: più in generale, è difficile prestare attenzione o fare due cose simultaneamente. Nel cosiddetto *multitasking*, lo svolgimento di due o più attività insieme, esiste un notevole calo dell'attenzione selettiva e aumenta sensibilmente il numero degli errori commessi rispetto a quando ci si dedica a una singola operazione, decisione o scelta che sia. Il secondo tipo di controllo dell'azione si basa sull'esistenza di quello che è stato definito il «Sistema Attentivo Supervisore», un meccanismo basato su una vasta rete neurale che consente a una specifica area della corteccia, la corteccia cingolata anteriore, di svolgere la funzione di esecutivo dell'attenzione. La corteccia cingolata è situata nell'area frontale, nella faccia interna dei due emisferi: il suo ruolo è assicurare massima efficienza alle altre regioni cerebrali per l'esecuzione di quei compiti su cui si basano i sistemi dell'attenzione e della memoria.

Oltre a regolare le caratteristiche dell'attenzione, la corteccia cingolata esegue un monitoraggio del livello di conflitto che caratterizza tutte quelle situazioni che richiedono risposte nuove o contro-intuitive e comportamenti di un livello di difficoltà superiore alla media. Un caso specifico è quello del test di Stroop: al soggetto si presenta una lista di parole composta da nomi di colori congruenti (cioè concordanti col colore della parola, ad esempio «rosso» è scritto in colore rosso) o incongruenti col colore dell'inchiostro (ad esempio «rosso» è scritto in colore blu). In questo test il soggetto deve fornire una risposta che è in competizione con un'altra, più prevedibile e abituale: se il sistema di monitoraggio rileva un conflitto, ne consegue un aumento dei livelli di attenzione indotto dalla corteccia cingolata. In sostanza, questa corteccia, in associazione con la corteccia prefrontale, ha un ruolo nel controllo esecutivo di quei comportamenti che sono orientati allo scopo.

Il controllo esecutivo delle decisioni comporta un altro aspetto, sottolineato da Donald Broadbent, grande psicologo sperimentale, che sosteneva che se si fanno due cose simultaneamente, una deve essere automatica o implicita. I termini «implicito» e «esplicito» si riferiscono prevalentemente a una particolare funzione esecutiva, la memoria. Non esiste, infatti, un solo sistema della memoria duratura o a lungo termine, quella esplicita, verbalizzabile e ricordabile; esiste anche una memoria sotterranea, non cosciente, implicita, non passibile di ricordo e non verbalizzabile. Questi due sistemi della memoria fanno capo a differenti aree e nuclei cerebrali: nel primo sono coinvolte strutture come la corteccia e l'ippocampo e riguarda ricordi di cui abbiamo consapevolezza; il secondo, legato all'amigdala, ad altre strutture del sistema limbico, ai gangli della base e al cervelletto, opera al di fuori della coscienza pur controllando il nostro comportamento: essi sono definiti come il sistema della memoria esplicita (consapevole) e il sistema della memoria implicita (inconscia).

Come spiegare la mancanza di consapevolezza che caratterizza numerose funzioni cerebrali, dalla percezione alla motricità fino alla memoria e a numerosi aspetti delle decisioni? Essa dipende dal fatto che se ogni informazione dovesse affiorare a livello cosciente, se fossimo consapevoli di tutti i processi nervosi, accadrebbe una specie di liquefazione, una disintegrazione della coscienza dal momento che non sarebbe possibile gestire una tale massa di informazioni. Nella vita quotidiana ci è invece possibile gestire e accedere a informazioni che provengono da fonti diverse senza doverci pensare, grazie appunto ai diversi livelli di coscienza. Da un lato, quindi, le funzioni esplicite, che comportano un sovraccarico della memoria di lavoro, dall'altro quelle implicite in cui la memoria di lavoro non è più coinvolta. C'è anche da dire che le funzioni esplicite ricorrenti possono andare incontro a una «proceduralizzazione», vale a dire passare gradualmente in un registro automatico, che consente di svolgere attività motorie, scelte e decisioni in modo quasi inconsapevole, il che presenta il vantaggio di «scaricare» il cervello ma anche l'eventuale svantaggio di non monitorare con accuratezza l'andamento delle funzioni esecutive.

Quando occorre una gestione «in automatico» delle funzioni esecutive (cui appartengono anche scelte e decisioni) subentrano alla corteccia i gangli della base che gestiscono gli aspetti ricorrenti delle nostre attività. La corteccia cerebrale può invece gestire decisioni e funzioni esplicite grazie all'intervento del nucleo caudato anteriore che smette di esercitare un'azione inibitrice sulla corteccia prefrontale e parietale, dando «libertà di azione». I gangli della base agiscono quindi sulle funzioni esecutive perché consentono alle strutture corticali di selezionare movimenti e strategie cognitive, come hanno indicato Charles Humphries e i suoi collaboratori.[23] È anche importante ricordare come le interazioni tra fattori emotivi e cognitivi giochino un ruolo fondamentale nelle scelte e nelle decisioni. Uno degli esempi più chiari, basato su una ricerca di due psicologi del lavoro, Jeanne McElhatton e Charles Drew, è quello concernente gli errori commessi da piloti di veicoli passeggeri e commerciali nella fase precedente il decollo, dovuti alla pressione esercitata dalle compagnie aeree sul pilota perché rispetti i suoi tempi di esecuzione: gli errori nella fase che precede il decollo sono in assoluto i più numerosi e, statisticamente, anche quelli che comportano conseguenze più gravi. Questi errori, che dipendono da un mix di irritazione, frustrazione, e concentrazione appannata, sono legati al fatto che il pilota adotta una strategia procedurale, «in automatico», senza analizzare le diverse caratteristiche di una nuova situazione.

8. Scelte e decisioni morali

È possibile, come indicano i sostenitori di una base evolutiva dei comportamenti sociali e morali, che questi ultimi siano il risultato della selezione naturale e che in ognuno di noi affiori spontaneamente un giudizio morale, salvo poi a essere disciplinato o ristrutturato, se vogliamo represso, rispetto alla sua presunta naturalità? Le scelte morali dipendono da meccanismi intrinseci al cervello o invece rivelano quanto avviene nel cervello quando esprimiamo un giudizio o agiamo moralmente? Sulla base di alcuni recenti esperimenti neuroscientifici si è cercato di valutare le possibili radici naturali dell'etica. Il postulato di questi esperimenti è che naturalità ed emozione siano associate, anche se questo può essere un punto di partenza debole. Infatti, l'aver privilegiato la naturalità dell'emozione può portare a una concezione in cui i giudizi morali sono naturali quando sono immediati e quando scaturiscono dall'emozione, da un'immediata empatia piuttosto che da un razionalità fredda e raggiungibile in tempi più lunghi. Ma veniamo a uno degli esperimenti che hanno suscitato maggior clamore per le sue implicazioni in rapporto alle basi nervose dei giudizi morali e funzionamento del cervello. Si immagini che un pesante carrello senza freni stia per investire, e presumibilmente uccidere, un gruppo di cinque persone e che si abbia la possibilità di azionare uno scambio e fare in modo che il carrello venga deviato su un binario dove ucciderà una sola persona. È giusto azionare quello scambio? Ora si immagini che il solo modo per salvare quelle cinque persone consista nello spingere un uomo di grosse dimensioni sotto il carrello uccidendolo ma salvando gli altri: è giusto compiere questa azione? La maggior parte delle persone approva la prima scelta e disapprova la seconda: un conto è deviare il corso del carrello impazzito, un altro è spingere con le proprie mani un individuo e provocarne la morte.

Questo test, proposto da due psicologi cognitivi, Joshua Greene e Jonathan Haidt, metterebbe in campo due tipi di ragionamento morale, uno personale e l'altro impersonale: secondo i due autori – alla luce delle posizioni del filosofo Thomas Nagel – sono di tipo personale quelle violazioni che causano un danno fisico grave nei confronti di una particolare persona e che non si limitano a deviare una minaccia nei confronti di un gruppo di persone. Una violazione morale è invece impersonale quando non soddisfa questi due criteri. Un danno personale può essere definito in termini di «io danneggio te» e sottende violazioni che implicano assalire un altro (piuttosto che evadere il fisco) mentre il «te» comporta il poter rappresentare la vittima come un individuo, e l'io sottende la nozione di agente, vale a dire il concetto che una particolare azione dipenda dalla volontà di un agente piuttosto che da una sua modifica. Spingere qualcuno sotto un carrello soddisfa perciò questi criteri ed è quindi un'azione personale, tale da generare un senso di colpa. Questo approccio non è però soltanto teorico, si basa su dati empirici ottenuti grazie a studi di *neuroimaging* che visualizzano le aree del cervello attive in situazioni che comportino rispettivamente un dilemma personale o impersonale: nel primo caso si attivano quelle aree che sono normalmente coinvolte in tutti i processi di tipo relazionale ed emotivo come il giro frontale mediale, quello cingolato posteriore e quello angolare. Nel caso dei giudizi impersonali si attivano invece quelle aree, prefrontali e parietali, che sono implicate nella memoria di lavoro e quindi nei giudizi di tipo analitico.

Un altro aspetto della «naturalità» dei giudizi etici personali è la rapidità con cui si giunge a una scelta di tipo emotivo mentre un giudizio impersonale richiede più tempo: ciò può dipendere, sulla base di un'interpretazione di tipo evolutivo, dal fatto che i nostri antenati siano vissuti in piccoli gruppi dove la violenza si verificava solo in forma personale e ravvicinata, colpendo, strangolando, usando pietre o bastoni. Questo esercizio della violenza è stato associato, sin da tempi remoti, all'emozione ed è per questa ragione che il pensiero o il giudizio di arrecare direttamente danno a qualcuno, suscita emozione ed è caratterizzato da un coinvolgimento somatico di tipo neurovegetativo (tachicardia, pallore, sudore, aumento della pressione arteriosa ecc.): per cui le ricerche svolte da Green e Haidt ci aiutano a prendere atto delle nostre intuizioni morali, senza che necessariamente esse siano valide. Anzi, questi studi potrebbero essere considerati sotto una luce diversa e dirci che il nostro intuito sbaglia.

In conclusione, lo studio dei processi decisionali dimostra come il nostro cervello integri passato e presente, ma anche come scelte e decisioni scaturiscano da un intreccio tra attenzione, memoria di lavoro, emozione e, ovviamente, valutazioni cognitive basate sull'esperienza: ma in molti casi l'Io non ha una immediata consapevolezza delle sue decisioni.

Gli studi neuroscientifici su scelte, decisioni, libero arbitrio e responsabilità morale indicano anche come alcuni aspetti del nostro agire siano condizionati da radici naturali: ma ciò non implica che queste abbiano un ruolo predominante e ci rendano puri automi. Come ha notato Mario De Caro in un recente dibattito sul libero arbitrio, su una tesi almeno la maggior parte degli autori sembra concordare: ovvero che ai filosofi che si occupano di libertà e responsabilità non sia più permesso ignorare le vaste e rilevanti acquisizioni che, in merito alla comprensione della natura umana, provengono oggi dall'ambito scientifico.

9. Cosa significa desiderare?

Il tema della libertà e della responsabilità è strettamente intrecciato con la nostra capacità di sottrarci alle spinte di pulsioni e desideri, e quindi di decidere in un senso o nell'altro in base a valutazioni sulle ricadute – positive o negative – delle nostre azioni. Questa valutazione rimanda al concetto di rinforzo o di gratificazione, un aspetto che accomuna l'appagamento dei diversi desideri, consapevoli o inconsapevoli che essi siano, alla base del nostro decidere. Esso ha un ruolo centrale nello sviluppo delle teorie del comportamento nell'ambito della filosofia empirista anglosassone legata alle idee di John Locke e John Stuart Mill. I seguaci di questi filosofi hanno sostenuto che il comportamento umano si struttura in base a rinforzi, premi o ricompense che fanno sì che inizialmente si sviluppino i comportamenti motori e in seguito quelli più complessi, legati a più elaborate forme di apprendimento. Secondo la scuola empirista inglese, il comportamento passerebbe da un iniziale stadio indifferenziato, tipico di un neonato, a stadi sempre più complessi, da un lato grazie a gratificazioni positive o, dall'altro, alla mancanza di gratificazioni o punizioni (gratificazioni negative): queste gratificazioni sarebbero inizialmente primarie, in grado di soddisfare esigenze quali la fame, la sete, il sesso, e in seguito secondarie e «smaterializzate», quali l'approvazione dei genitori e degli adulti, il consenso sociale, il soddisfacimento dei desideri spontanei e indotti.

Il desiderio è al centro dei pensieri e delle azioni umane, ma la sua definizione è tutt'altro che facile: nella *Repubblica* Platone parla di «una bestia multiforme e dalle molte teste (policefala)» e lo condanna come tipico della parte più bassa dell'anima e degli strati più spregevoli della comunità. Per Spinoza, invece, è «l'essenza stessa dell'uomo». La difficoltà di definire il desiderio deriva sia dalle sue complesse relazioni con i bisogni e le pulsioni, sia dal fatto che esso si può caratterizzare in aspetti paradossali, una sorta di repulsione che attrae. Il desiderio ha aspetti sfaccettati, quello dell'amore, del sesso, della voluttà, della curiosità, della speranza e ha la dimensione dello slancio contraddistinto da un flusso incessante. Il desiderio si caratterizza per la violenza delle passioni ma anche per la misteriosa attrazione esercitata dall'oggetto, anche un oggetto materiale assomma in sé una serie di caratteristiche che lo rendono desiderabile agli occhi di una particolare persona. «L'oscuro oggetto del desiderio», per usare le parole di Luis Buñuel, ha infatti una dimensione fortemente individuale, denuncia relazioni e radici che possono affondare nel passato di una persona, il che sottolinea il fatto che spesso nel desiderio vi sono aspetti irrazionali che rimandano al mondo soggettivo e intimo del «soggetto del desiderio», una dimensione che è talora ancor più oscura di quella dell'oggetto, come sostiene Sigmund Freud. Nel suo classico saggio sull'interpretazione dei sogni egli distingue tra sogni «di comodità», in cui il desiderio è concreto e palese, e sogni in cui l'oggetto del sogno è mascherato dalla censura onirica.

È facile dimostrare che i sogni rivelano spesso palesemente il loro carattere di appagamento di un desiderio, tanto che desta meraviglia il fatto che il linguaggio onirico non sia stato compreso già da molto tempo. Esiste per esempio un sogno che posso creare quando voglio, per così dire sperimentalmente. Se alla sera mangio acciughe, olive o altri cibi salati, la sete di cui soffro di notte mi sveglia. Il risveglio però è preceduto da un sogno, ogni volta di identico contenuto, il sogno cioè di stare bevendo. [...] Da questa sensazione nasce il desiderio di bere e il sogno a sua volta mi presenta questo desiderio esaudito. Il sogno è al servizio di una funzione che mi è facile indovinare. Dormo bene e non ho l'abitudine di essere svegliato da un bisogno. Se riesco a placare la mia sete con un sogno in cui bevo, non ho bisogno di svegliarmi per soddisfarla. Si tratta dunque di un sogno di comodità. All'agire si sostituisce il sognare, come del resto succede in altre occasioni della vita.[24]

Ma questi sono per Freud esempi di desideri banali: persino le oche desiderano e sognano il granturco, indica con umorismo. La maggior parte dei sogni, invece, rimandano a desideri mascherati, sessuali, di potere, legati alla paura, e aprono quindi la porta all'interpretazione dell'inconscio.

Consci o inconsci che siano, la spinta che ci induce a desiderare, scegliere, decidere, ha una sua base interna, legata all'emozione. Già Hume, nel suo *Trattato sulla natura umana*, sosteneva che quando desideriamo qualcosa proviamo anche un'emozione, una propensione verso di essa: alla luce delle teorie e degli studi di Antonio Damasio,[25] è l'emozione che contribuisce a «incarnare» il desiderio, a connotarlo e dargli quella pregnanza di cui sarebbe incapace la sola sfera cognitiva, la pura ragione. D'altronde, ci sono desideri che proviamo senza sapere di averli, desideri inconsci, opachi alla ragione, e desideri mascherati che non prendiamo in considerazione o ci rifiutiamo di analizzare perché suscitano un senso di vergogna, perché comportano paure inaffrontabili o, più semplicemente, perché sono in contrasto con l'immagine che abbiamo di noi stessi, l'immagine che ci siamo dati e che ha una dimensione pubblica.

Anche a livello di desideri inconsci il rapporto tra emozione e desideri è particolarmente significativo: la nostra mente nota quelle situazioni in cui si verifica l'inatteso, i momenti in cui il nostro procedere verso gli scopi che ci siamo dati viene accelerato o bloccato. Secondo Damasio, che nega la dicotomia emozione-ragione, la ragione è guidata dalla valutazione emotiva delle conseguenze dell'azione, ad esempio tesa a soddisfare un desiderio. Cartesio sosteneva un dualismo tra mente e corpo, dove la mente era un'entità razionale e pensante mentre il corpo era rivolto al puro soddisfacimento dei bisogni fisici. Per Damasio, invece, questa separazione è insensata e irrealistica: la mente è un prodotto evolutivo, finalizzata al soddisfacimento delle nostre necessità fisiche e psichiche, e per raggiungere questo obiettivo deve disporre di informazioni che derivano da quelle strutture nervose che elaborano le risposte affettivo-emotive che emergono dalle esperienze in cui siamo immersi e dai contenuti della memoria. L'aver incontrato una stessa o simile situazione nel passato implica che emergano le stesse componenti emotive che sono state allora suscitate da conseguenze positive o negative. Ciò comporta che la coloritura emotiva che caratterizza una decisione allo stato nascente ci informi delle sue possibili conseguenze che emergono dalle memorie emotive di esperienze pregresse. Questo meccanismo previsionale agisce a livello inconscio e dipende da quelli che Damasio ha definito «marcatori somatici»: i meccanismi fisiologici scatenati da un'emozione grazie all'attivazione del sistema nervoso autonomo (il sudare, l'accelerazione cardiaca, la contrazione muscolare, le contrazioni gastro-intestinali) sono marcatori che illuminano le nostre decisioni «razionali».

Per provare questa sua teoria, Damasio ha studiato il comportamento e le reazioni fisiologiche di persone che hanno subito danni alla corteccia orbitofrontale e ha notato che esse non mostrano quelle reazioni del sistema nervoso autonomo che normalmente si accompagnano a un'attivazione emotiva. Per esempio, al cospetto di immagini dal contenuto traumatizzante, queste persone non vanno incontro a quell'insensibile aumento della sudorazione cutanea (rivelabile attraverso la risposta di conduttanza cutanea o GSR) che è invece evidente in persone dal cervello integro. Per valutare l'opportunità e utilità delle nostre azioni, vale a dire per prendere una decisione, la corteccia orbitofrontale deve servirsi di informazioni apprese sulla qualità emotiva dei diversi stimoli: le connessioni tra corteccia orbitofrontale e amigdala, una struttura coinvolta in emozioni primarie come la paura, fanno parte di un circuito atto a tener conto di diversi tipi di memorie emotive.

10. Dipendere dai desideri

I desideri, dunque, hanno una dimensione emotiva: d'altronde l'antico termine di «passioni» rimandava, più del termine emozione, al desiderio che ne era alla base: la passione dell'innamorato, la passione degli amanti, quelle religiose, persino quelle patrie al centro degli ideali romantici rimandavano al desiderio di assolverle, a uno stato di tensione per raggiungere l'oggetto ideale o idealizzato che poteva dominare l'esistenza: il desiderio di gloria e successo di Julien Sorel, il protagonista de *Il rosso e il nero* di Stendhal, il desiderio di realizzazione e d'amore da parte del giovane Werther, la brama dell'avaro di Molière e così via, sino ai personaggi letterari dei giorni nostri, stanno a indicare come passione e desiderio generino un'affannosa ricerca dell'oggetto desiderato, una dipendenza che domina l'esistenza così come la droga per il tossicodipendente.

Lo scienziato sociale Jon Elster[26] si è chiesto infatti cosa abbiano in comune la dipendenza da emozioni, come nel caso dell'amore, e la dipendenza da sostanze chimiche. Esistono degli elementi comuni oppure c'è qualcosa di fondamentalmente diverso? Secondo Elster, si può individuare un continuum che va dagli impulsi primari (fame, sete, desiderio sessuale) a desideri in cui la componente pulsionale è meno evidente, il radicamento biologico meno forte: ciononostante, mentre le motivazioni, e con esse i desideri e la dipendenza che possono stabilire, sono legate alla cognizione, il ruolo dei fattori cognitivi è invece meno rilevante quando si considerano le dipendenze da sostanze d'abuso, il *craving* – il senso di compulsione – al consumo che secondo la classifica del DMS-IV accomuna gran parte delle tossicodipendenze e che rappresenta il primo criterio diagnostico della sindrome da dipendenza. C'è inoltre una differenza tra forti desideri ed emozioni: le emozioni dipendono dalle credenze molto più del craving associato alla dipendenza e degli stati prodotti dalle droghe. Tuttavia, tutti i desideri sono caratterizzati da una componente emotiva più o meno forte, da uno «stato viscerale», cioè da un turbamento dell'omeostasi del corpo che indica alla mente, come sostiene Damasio, che il soddisfacimento di un desiderio non comporta soltanto una valutazione prettamente cognitiva, non si limita a rispondere a una credenza.

Una particolare forma di dipendenza è quella indotta dalla pubblicità al fine di orientare i desideri delle persone. «Si deve riconoscere che il pubblicitario, per certi versi, è un manipolatore di cervelli quanto un neurochirurgo, anche se i suoi attrezzi e i suoi strumenti sono diversi», scriveva nel lontano 1957 «Advertising Age», la più importante rivista di pubblicità a livello mondiale. L'autore di queste righe usava la metafora del neurochirurgo come un'iperbole, nello stile esagerato tipico della pubblicità che per vincere la concorrenza deve cercare di colpire. A distanza di cinquant'anni però questo paragone non sembra più tanto iperbolico. Nel 2004 il neuroscienziato Read Montague[27] riuscì a dimostrare l'esistenza di un divario sorprendente tra gusto e vista. Invitate a indicare a occhi bendati una preferenza tra due bibite concorrenti, la Coca-Cola e la Pepsi, la maggior parte delle persone che si sottoposero al test si dissero più favorevoli al gusto della Pepsi che a quello della Coca-Cola. La stessa cosa però non si verificò quando quelle stesse persone non più bendate espressero nuovamente il loro parere: molti di coloro che alla prima prova avevano scelto la Pepsi, alla seconda affermarono di preferire la Coca-Cola. Montague ne dedusse che il logo della Coca-Cola era più radicato di quello della Pepsi nell'immaginario dei consumatori e che la Pepsi doveva accontentarsi del secondo posto. La Coca-Cola, nata molto prima della concorrente e tramandata da una generazione all'altra, si era conquistata una «quota desiderio» nel cervello dei consumatori.

Questa conclusione non spiega però il motivo di un divario così sorprendente tra gusto e vista. Per capirne di più Montague è ricorso alla risonanza magnetica. Seguendo l'attività cerebrale di un gruppo di volontari egli osservò che quando una persona guarda l'immagine di un prodotto viene sollecitata una regione caratteristica del suo cervello, la corteccia prefrontale mediana. Mentre il test con gli occhi bendati coinvolge l'area cerebrale del cosiddetto *nucleo accumbens* (o striato ventrale) – una struttura cerebrale legata alla sensazione del piacere e del rinforzo – la corteccia prefrontale mediana si attiva in rapporto ai ricordi, sensazioni, sentimenti che in una persona sono connessi a quel prodotto (abitudini quotidiane, ricordi infantili, pubblicità ecc.) e che costituiscono la spinta verso il desiderio.

Il desiderio non è quindi una pulsione che sgorga autonomamente dell'Io senza subire condizionamenti esterni. Una sua caratteristica fondamentale è quella di essere il frutto di sottili pressioni che a livello conscio, e soprattutto inconscio, portano continuamente a desiderare, spingono verso traguardi consumistici che mutano di continuo, verso desideri indotti fin dagli anni dell'infanzia,[28] sotto la spinta di quei persuasori occulti che Vance Packard[29] ha descritto in anticipo sui tempi. Nell'epoca dell'individualismo, inoltre, il desiderio è rivolto verso la realizzazione dell'Io, o meglio della propria immagine, a partire da quella fisica del corpo. Costruire il proprio corpo, «scolpire gli addominali», dare risalto ad alcune parti con tatuaggi o piercing, può rappresentare un progetto centrale. Il corpo è al tempo stesso plasmato dalla nostra mente e dalla cultura in cui viviamo, sottoposto a modifiche per potenziarne alcuni aspetti o per dargli una forma che risponda ai nostri desideri: il corpo di una persona anoressica o di un giovane «palestrato», il corpo ricoperto di tatuaggi o plasmato da diete e massaggi ci indica che esso esprime visioni del mondo e desideri.

Accanto ai desideri che conferiscono al corpo un ruolo centrale, al di là del suo richiamo sessuale, vi sono anche desideri centrati sull'esserci: ciò non riguarda oggi tanto, o soltanto, lo status sociale ma la presenza e diffusione della propria immagine, il comparire. Facebook, Youtube, i clip scambiati attraverso i telefonini, i blog, la messa in rete delle proprie foto, testimoniano dell'aspirazione a essere presenti sulla scena grazie alla propria immagine: una nuova dimensione rispetto al passato, un segno che il desiderio evolve, condizionato, plasmato e indotto dalla cultura in cui siamo immersi, dalla pubblicità centrata su modelli, ruoli, oggetti ideali, da forme di condizionamento, seduzione e insoddisfazione che vengono create sin dagli anni della prima infanzia e contribuiscono alla creazione dell'identità individuale e collettiva.

Acquisire un'identità è oggi cosa tutt'altro che facile anche in quanto, paradossalmente, spesso non si possiede un'identità ma è l'identità che ci possiede: infatti, quando non si ha un'identità propria si rischia di essere «posseduti» da un'identità «debole» ma facilmente disponibile. Un tempo la società, nel bene e nel male, esercitava una spinta potente: ci si attendeva che uomini e donne si comportassero in base a ruoli sessuali stereotipati, che con la maggiore età ci si rendesse autonomi, si fondasse una famiglia, ci si trasformasse in genitori, in adulti caratterizzati da ruoli ben precisi. Era la collettività, con le sue rigide regole, la sua durezza, i suoi riti di passaggio ben codificati, a far sì che un bambino sapesse di essere ormai un ragazzo, un ragazzo un adulto e un adulto un vecchio. Oggi i ruoli sono molto meno fissi e identificabili, i confini molto incerti: si può essere ragazzi per quasi tutta la vita, i ruoli sessuali sono aperti e sfaccettati, il criterio dell'età ha scarso valore, persino un atavico meccanismo qual è quello riproduttivo sta perdendo quelle caratteristiche che scandivano i tempi e i modi di essere genitori e figli. In questa situazione molti stentano ad acquisire un'identità, non sanno bene come comportarsi: di fronte all'apparente libertà e potenzialità di «realizzarsi», di affermare la propria individualità, c'è chi non sa da che parte iniziare.

Ben pochi sono disposti a fare apertamente un'affermazione che è tutt'altro che «politically correct»: vale a dire che molte persone sono deboli, spesso hanno scarse doti e hanno bisogno di un aiuto. Ma per molti aiutare significa essere illiberali o riconoscere l'esistenza di differenze che contrastano con l'ipotesi che ognuno possa diventare qualsiasi cosa purché lo voglia. La realtà, però, è diversa dalle utopie di Candide: alcuni sono deboli e hanno bisogno di aiuto, altri, per mancanza di cultura o per la spinta esercitata dai modelli sociali vincenti, si adeguano a forme di identità «imposte». Avviene così che molti siano «posseduti da un'identità», non nel senso tradizionale (la società che sospinge verso un ruolo tipico, verso l'essere maschi e femmine, adulti e genitori e via dicendo) ma in una nuova accezione «mediatica»: vengono clonate altre identità, a immagine di quei modelli vincenti che sono imposti dal gran circo della pubblicità, dei media, dello *star system*, degli stereotipi culturali. L'identità, insomma, non deriva da ciò che siamo veramente ma da ciò che ci viene suggerito di essere: ed è un'identità fluttuante, effimera, pronta a essere riveduta e corretta da nuovi modelli che si affermano intorno a noi. Oggi si può essere il doppio di un cantante pop, accuratamente costruito dalla «macchina della celebrità»,[30] domani il divo dell'ultimo film hollywoodiano...

Ci avviamo quindi verso un'era caratterizzata da identità «deboli», individuali o collettive che esse siano? Paradossalmente, un'identità debole può dare spazio a quelle forze biologiche che originano dal timore di essere sopraffatti dagli altri e che fomentano involuzioni e comportamenti regressivi. Questa tesi è oggi sostenuta da numerosi biologi, tra cui l'etologo Irenäus Eibl-Eibesfeldt,[31] che ritiene che ogni specie, l'umana compresa, cerchi di mantenere la propria omogeneità per evitare di perdere quelle caratteristiche darwiniane che le hanno consentito di affermarsi e sopravvivere: tra queste l'identità culturale giocherebbe un ruolo importante nella nostra specie. Una scarsa identità, sostengono numerosi biologi e antropologi, innesca timori e regressioni, sospinge verso campanilismi, regionalismi, odi razziali: non è l'identità forte a generare dissesti ma quella debole a sospingere verso qualsiasi forma di identità, generalmente regressiva.

11. Emozione, cognizione e inconscio

Uno degli aspetti che più traspaiono dagli approcci neuroscientifici alla mente è il ruolo esercitato dall'emozione. Si tratti di scelte, decisioni, motivazioni, desideri e anche, come vedremo in seguito, di funzioni «puramente» cognitive come la memoria, la componente emotiva fa sempre più breccia in una rappresentazione della mente che, fino a non molti anni or sono, era improntata a una stretta razionalità. Oggi, numerosi studi empirici ci permettono invece di affermare che le emozioni dipendono da alcune caratteristiche intrinseche del cervello e da correlati somatici cui noi conferiamo significati: in altre parole, come sosteneva il filosofo Baruch Spinoza, crediamo che la nostra mente sia libera perché non conosciamo abbastanza gli eventi che si verificano nel nostro corpo.

Nel corso degli ultimi anni, dunque, l'emozione non è stata considerata come una funzione indipendente dalla cognizione ma come uno dei canali in grado di informare il sistema nervoso su importanti aspetti della realtà esterna e dei rapporti tra organismo e ambiente. Da un punto di vista evolutivo nel cervello dei primati si sono sviluppati due diversi circuiti nervosi, ognuno dei quali è specializzato del trattamento di un diverso tipo di informazione, rispettivamente cognitiva ed emotiva. Malgrado l'esistenza di sovrapposizioni tra questi due sistemi di informazione, essi comportano due diverse reti neurali: dopo che l'informazione è transitata per i nuclei del talamo, il contenuto dell'informazione di tipo emotivo viene inizialmente elaborato dai nuclei del sistema limbico, come l'amigdala, e in seguito dalle strutture della corteccia cingolata e dalla corteccia prefrontale ventromediale. Per quanto riguarda il sistema cognitivo l'informazione transita per i nuclei talamici (similmente a quanto avviene per le informazioni emozionali) per poi raggiungere uno specifico nucleo del sistema limbico, l'ippocampo e da qui le cortecce temporo-occipitale e parietale. Questo circuito è responsabile del trattenimento dell'informazione nel magazzino della memoria a lungo termine. L'integrazione tra le informazioni di tipo emotivo e quelle di tipo cognitivo si basa sulla loro convergenza nella corteccia prefrontale dorsolaterale, come ha indicato in più esperimenti il neurofisiologo Joaquín Fuster. Quest'area corticale è al centro dei processi esecutivi (prestare attenzione, tenere in memoria un'informazione, perseguire un piano, attendersi conseguenze da un'azione ecc.) e integra l'informazione, così da rendere possibili le funzioni cognitive più elevate come il pensiero astratto, la flessibilità cognitiva, la pianificazione, la presa di decisioni e l'autocoscienza.

Come abbiamo anticipato, l'assenza di una separazione netta tra emozione cognizione è stata sostenuta da numerosi studiosi, in primo luogo da Antonio Damasio, che partendo da un celebre caso clinico, quello di Phineas Gage, ha sottolineato come i cosiddetti «marcatori somatici» – le modifiche che si verificano nel corpo durante gli stati emotivi – rappresentino un elemento centrale dei fenomeni cognitivi. Gage era un giovane minatore che nel 1848 lavorava con altri operai alla costruzione di una ferrovia nel New England. Nel corso di un'esplosione, il ferro di pigiature con cui veniva compresso l'esplosivo nei buchi trapanati nella roccia penetrò nel cervello del minatore provocando una grave lesione. Gage si riebbe dall'incidente ma dimostrò ben presto di non essere più lo stesso di prima: benché non presentasse deficit del linguaggio, dei movimenti o dell'apprendimento, il giovane cominciò ad avere problemi comportamentali. Il caso Gage suscitò discussioni tra gli studiosi del cervello, tra cui i celebri neurologi e studiosi del linguaggio Broca e Wernicke, ma poi la vicenda si spense e il cranio del minatore venne affidato al museo anatomico della Harvard University. Intorno alla fine del Novecento il caso Gage tornò nuovamente agli onori delle cronache scientifiche quando venne riesaminato da Damasio e dai suoi collaboratori che, sulla base dei fori d'entrata e d'uscita, perfettamente visibili e conservati, simularono al computer il percorso della bacchetta di ferro, individuando l'area della corteccia frontale lesa, un'area che media gli aspetti emotivi e quelli cognitivi del comportamento.

Damasio, dunque, per il quale la ragione è pilotata dalla valutazione emotiva delle conseguenze dell'azione, ha dei punti di contatto con le posizioni di Joseph LeDoux, secondo cui sarebbe impensabile immaginare una vita senza emozioni, perché «viviamo per loro», o meglio viviamo grazie a loro, anche se esse sono indipendenti dalla nostra volontà e non ne abbiamo consapevolezza. È una posizione che in qualche modo si riallaccia a quelle di Sigmund Freud, tant'è che LeDoux riconosce al padre della psicoanalisi di aver colpito nel segno quando definì l'inconscio come la punta di un iceberg. Per LeDoux la mente sente, non pensa soltanto, e i sentimenti implicano qualcosa di più del pensiero: per questo motivo si è proposto di comprendere come il cervello percepisca gli stimoli emotivamente rilevanti, come siano codificate le esperienze e si formino i ricordi emotivi e in che modo i nostri sentimenti coscienti emergano da processi inconsci. Tuttavia è necessario considerare la natura generalmente inconscia dell'emozione a fianco della realtà cognitiva, in quanto il nostro comportamento, sostiene LeDoux, dipende dalle interazioni di queste due sfere, solo apparentemente distinte. Separare l'emozione dalla cognizione, i moti spontanei dell'animo dal pensiero, è quanto mai artificioso, il che ha portato il neuroscienziato a manifestare le sue perplessità sulla scienza cognitiva, la cosiddetta «nuova scienza della mente»: questa, in realtà, rappresenterebbe una sola parte della mente, trascurando il campo delle emozioni per occuparsi, quasi esclusivamente, del pensiero, del ragionamento e delle funzioni esecutive come i processi decisionali. Mentre una mente senza emozioni, afferma LeDoux, non è una mente, è soltanto «un'anima di ghiaccio».

Per l'autore del *Cervello emotivo*,[32] l'inconscio cognitivo ha un ruolo centrale nei processi mentali caratterizzati da profondi legami tra cognizione ed emozione. Il concetto di inconscio cognitivo si stacca però da quello di inconscio freudiano, che ha una dimensione dinamica, legata a desideri repressi ed esperienze infantili e che, secondo LeDoux, è caratterizzato da un aspetto più oscuro e malevolo, mentre l'inconscio cognitivo sarebbe qualcosa di meno contorto e sotterraneo. Gran parte delle nostre azioni derivano da motivazioni di cui noi non siamo consapevoli, in quanto il comportamento è il prodotto di sistemi cerebrali che operano inconsciamente: sistemi in prevalenza sottocorticali, antichi dal punto di vista della nostra storia naturale, meno trasparenti rispetto alle logiche della corteccia cerebrale. Compito della coscienza è quindi ricucire la nostra vita in una storia coerente, in un concetto del sé. Ma la coscienza, e questo può apparire un insolubile paradosso, è comprensibile solo indagando quei processi inconsci che la rendono possibile.

I sistemi percettivi, diciamo pure l'analisi cosciente di una particolare situazione o realtà, subentrano, secondo LeDoux, in un secondo tempo rispetto a quelli emotivi, non hanno la priorità: infatti, la valenza emotiva di uno stimolo può essere valutata dal cervello prima ancora che i sistemi percettivi lo abbiano elaborato. Quanto vale per i rapporti con il presente, vale anche per il passato, poiché i meccanismi cerebrali implicati nei ricordi contraddistinti da un significato emotivo e quelli responsabili dei ricordi prettamente «cognitivi», ovvero caratterizzati da un'elaborazione puntuale e consapevole della realtà, sono differenti. Un aspetto fondamentale della teoria dell'emozione di LeDoux riguarda l'automatismo e la rapidità delle valutazioni emotive rispetto a quelle cognitive: nell'emozione, una volta avvenuta la valutazione della realtà, le reazioni sono rapide e automatiche, mentre nella cognizione manca ogni automatismo e il sistema è improntato a una maggior lentezza. Una situazione emozionante fa sì che il corpo reagisca prontamente – e automaticamente – attraverso reazioni come il rossore o il pallore, la tachicardia, la sudorazione e, infine, passi a una reazione di attacco o fuga, di attivazione o blocco. Il sistema cognitivo è invece più lento, privo di automatismi, poiché il sistema di controllo e quello di risposta non sono collegati tra loro. Peraltro, le sensazioni fisiche, che rappresentano parte dell'esperienza cosciente dell'emozione, accompagnano spesso la valutazione, giacché entrano a far parte dell'esperienza: il corpo, così, indica alla mente cosciente di essere emozionato, ricorda che quella situazione, simile ad altre precedenti, è emozionalmente rilevante.

12. La paura e il cervello

Le emozioni sfuggono dunque alla nostra consapevolezza poiché agiscono in uno spazio psichico e neurale al quale la coscienza fatica ad accedere. Per comprendere come esse operano nella mente è perciò necessario comprendere dove esse svolgono la loro funzione, quali strutture cerebrali ne sono responsabili. Questa ricerca della sede dell'emozione dipende dalle posizioni di Paul MacLean, che elaborò una teoria che ebbe notevole successo all'inizio degli anni Settanta del Novecento.[33]

Nel corso della storia evolutiva dei vertebrati l'accrescimento in complessità del sistema nervoso si è compiuto attraverso tappe successive che hanno comportato l'emergere di strutture e funzioni diverse. Per quanto riguarda le strutture più antiche – quelle del midollo spinale – esse compaiono nei vertebrati primitivi e giocano un ruolo, anche nei vertebrati più evoluti, in attività riflesse di mantenimento come la respirazione, la circolazione, la locomozione o l'accoppiamento. I meccanismi riflessi esercitano numerose funzioni anche nelle specie dotate di un comportamento molto diversificato come la specie umana: ad esempio, permettono di reagire a uno stimolo doloroso, chiudere le palpebre quando uno stimolo sollecita improvvisamente l'occhio, succhiare il latte nella fase neonatale e via dicendo. Tutti i riflessi, da quelli che regolano la respirazione a quelli che sostengono un'erezione come risposta a stimoli sessuali, fanno capo a meccanismi innati. A un livello superiore, strutture cerebrali più recenti, come il paleoencefalo già presente nei rettili (il cosiddetto cervello rettiliano, secondo MacLean), presiedono ad attività istintive e sono la sede di comportamenti emotivi legati alla presenza del cosiddetto sistema limbico: è qui che sono programmati alcuni meccanismi innati alla base del comportamento sessuale, della fame, della sete o della cura della prole. I comportamenti che dipendono dalle strutture paleoencefaliche non sono cosi rigidi come quelli riflessi e, fatto importante, hanno correlati di tipo emotivo: ma pur essendo tipici di una particolare specie animale, sono modificabili dall'esperienza. In altre parole, col paleoencefalo si passa a un livello che, se non è più complesso, è comunque meno rigido e stereotipato rispetto a quello spinale. Esistono infine, indica MacLean, strutture nervose più sviluppate nei mammiferi più evoluti, le strutture appartenenti al neoencefalo e principalmente la corteccia cerebrale responsabile delle attività di adattamento e di integrazione: l'individuo non nasce più con un pacchetto di comportamenti predeterminati, è aperto all'esperienza e all'apprendimento.

La concezione «tripartita» del sistema nervoso (i riflessi del primitivo midollo spinale, gli istinti e le pulsioni del paleoencefalo, le attività cognitive del neoencefalo) rimanda dunque a tre tappe evolutive del cervello dei vertebrati e indica quali sono le origini del cervello umano, fornendo una traccia interpretativa di tipo evoluzionistico. A differenza di quanto sostiene LeDoux, la teoria di MacLean è, però, una teoria omnicomprensiva del cervello dove le emozioni sono parte integrante dell'insieme di un sistema nervoso che è evoluto passando attraverso stadi diversi. Certo, secondo MacLean, l'emozione è possibile perché esiste un sistema limbico-paleoencefalico, ma la coloritura emotiva di un'esperienza, di un ricordo, è intimamente fusa con i suoi aspetti cognitivi. LeDoux, invece, sostiene che l'operatività del cervello emotivo e di quello pensante vanno considerate nell'ambito di una prospettiva parallela ma fornita di codici diversi: poiché emozioni diverse riguardano funzioni differenti, ognuna di esse potrebbe dipendere da sistemi cerebrali a sé stanti. Perciò egli ipotizza che ogni «unità emotiva» deva essere considerata come un insieme di segnali in entrata (l'informazione), di un meccanismo di analisi-valutazione e di un insieme di segnali in uscita, che consentono di realizzare un determinato comportamento.

In sostanza, l'emozione è un processo attraverso cui il cervello determina o computa il valore di uno stimolo e, in conformità a questa operazione, si manifestano delle reazioni vegetative, le risposte corporee legate all'attivazione del sistema autonomo (sudorazione, pallore, rossore, alterazioni del ritmo cardiaco, tremori ecc.) È solo in seguito che emerge un sentimento e ciò avviene nel momento in cui siamo consapevoli del fatto che il nostro cervello ha valutato lo stimolo al quale stiamo reagendo. Se vogliamo riformulare questa sequenza di eventi in termini di meccanismi nervosi, possiamo affermare con LeDoux che l'informazione recepita dai sistemi sensoriali attiva i circuiti dell'elaborazione emozionale, che valutano il significato dello stimolo in entrata e avviano specifiche risposte emotive mediante l'attivazione di circuiti efferenti. In sostanza, nella gestione dell'emozione, l'elaborazione emotiva (il suo processamento neurale) è totalmente indipendente dalla consapevolezza.

L'aspetto innovativo della teoria di LeDoux riguarda l'insieme dell'agire umano che, in ogni teoria del comportamento, deve includere la motivazione come elemento decisivo dell'azione. Noi agiamo ci nutriamo, lavoriamo, gestiamo i nostri affetti e la sessualità perché siamo motivati a farlo, abbiamo un fine – recondito o palese che sia – che ci spinge ad agire. Secondo la teoria esposta ne *Il cervello emotivo*, ciò che secondo la tradizione viene prima, vale a dire la motivazione ad agire, e comporta successivamente un coinvolgimento emotivo (ad esempio il piacere per aver raggiunto una meta), segue in realtà l'azione e la valutazione consapevole delle ricadute delle nostre azioni. LeDoux, infatti, sostiene che agiamo in un determinato modo dopo aver provato uno specifico stato emotivo: un campanello emotivo interno, le sottili alterazioni corporee che in passato si sono accompagnate a simili azioni, ci guiderebbe inconsapevolmente. In sostanza gli incentivi e gli obiettivi da raggiungere ci motivano poiché sono attivati quei sistemi emozionali che indirizzano l'azione. La sua posizione è quindi nettamente opposta alle teorie del cognitivismo classico, secondo cui la mente sarebbe una fredda macchina pensante, dominata appunto dal pensiero razionale.

La manifestazione emotiva su cui LeDoux si è maggiormente soffermato è la paura, un sistema di comportamento difensivo che si è evoluto nel tempo indipendentemente dai sistemi coscienti (anzi, prima di essi) in quanto, anche se siamo consapevoli dell'entrata in gioco del sistema difensivo, questo opera indipendentemente dalla coscienza, è parte dell'inconscio emotivo. Gli studi sulla paura sono strettamente associati a quelli sull'amigdala, un nucleo del sistema limbico formato da neuroni che in prevalenza utilizzano il neurotrasmettitore noradrenalina, tipico del sistema nervoso simpatico. LeDoux ha sottoposto degli animali al cosiddetto condizionamento alla paura, una situazione in cui gli animali ricevono una punizione o devono fronteggiare una situazione ansiogena in un ambiente particolare, ben connotato e quindi facilmente riconoscibile: in seguito al condizionamento (associazione tra uno stimolo doloroso e un suono) l'ambiente in cui si è verificata l'associazione condizionata suscita reazioni di paura anche in assenza di punizioni, giacché l'animale ha associato la punizione alla situazione ambientale. Nel caso in cui l'amigdala sia stata lesa, gli animali non sono invece più condizionabili. Allargando questo approccio a livello umano è stato accertato che l'amigdala si attiva in tutte le situazioni ansiogene o quando una persona osserva un'immagine fotografica di un volto che manifesta paura, il che è stato interpretato come una prova del fatto che questo nucleo nervoso risponde a un programma genetico che governa vari aspetti di un'emozione primaria così importante. Va precisato che l'amigdala non si attiva quando si osserva un volto che esprima calma o un'emozione positiva come la gioia o lo stupore, ma soltanto quando il volto ha un'espressione di paura o terrore. Per contro, LeDoux ha anche osservato che nelle persone che hanno subito lesioni più o meno vaste dell'amigdala, queste reazioni di paura non si manifestano, così come sono assenti risposte a situazioni ambientali che comportano un pericolo.

Un altro aspetto importante dei rapporti tra emozione e amigdala riguarda il campo della memoria, in particolare quello delle memorie connotate da una forte componente emotivo-ansiogena. Abbiamo già notato come non esista un solo sistema della memoria duratura o a lungo termine - quella esplicita, verbalizzabile e ricordabile - ma anche una memoria sotterranea, non cosciente, implicita, non passibile di ricordo e non verbalizzabile, legato all'amigdala e ad altre strutture del sistema limbico.

In situazioni normali, l'attivazione emotiva provocata dal sistema implicito dà forma e colore alla memoria esplicita che altrimenti sarebbe fredda: la corappresentazione della memoria cosciente e di quella implicita, legata all'attivazione emotiva, conferiscono alla memoria il suo sapore emotivo, una pienezza esperienziale che differenzia la memoria umana da quella di un computer. Vi sono però situazioni in cui è prevalentemente coinvolto il sistema della memoria implicita, come avviene nel caso di forti esperienze emotive che coinvolgono prevalentemente l'amigdala: in queste situazioni, l'esperienza negativa influenza i nostri comportamenti futuri, indipendentemente dalla consapevolezza. Ciò accade in numerose forme di esperienze traumatiche in cui le memorie emotive fanno sì che in futuro quel contesto, contesti simili o situazioni analoghe, siano percepite come ansiogene, in modo implicito, senza che abbiamo la consapevolezza immediata del perché del nostro turbamento: possiamo renderci conto che il condizionamento alla paura ha avuto luogo, ma non possiamo né controllarlo né avere accesso cosciente alle sue operazioni. In particolare, nei disordini postraumatici da stress, in cui si è vissuta un'esperienza violenta e dissestante, l'amigdala assume un ruolo dominante nel sistema della memoria, cosicché la componente implicita prevale su quella esplicita e consapevole. La prevalenza della componente implicito-emozionale di un ricordo traumatico avviene perché una forte attivazione dell'amigdala riduce la capacità della corteccia di elaborare le informazioni legate all'esperienza: il ricordo non è processato consapevolmente ma irrompe dall'inconscio sotto forma di coinvolgimenti emotivi ansiogeni e dissestanti. Queste conoscenze hanno aperto un nuovo capitolo nella terapia dei disturbi postraumatici: in particolare, l'uso di farmaci in grado di ridurre l'attività dell'amigdala immediatamente dopo un trauma comporta una forte riduzione delle memorie emotive e dei disturbi che queste esercitano nel tempo.

Uno di questi farmaci è il propanololo, un betabloccante finora utilizzato per controllare l'ipertensione: risultati recenti indicano però che esso riduce in modo consistente il ricordo di un evento traumatico se viene assunto nell'arco di sei ore dopo il trauma. Gli studi sul propanololo e su altri antagonisti dei recettori della noradrenalina hanno dimostrato che questi deprimono l'attività dell'amigdala, responsabile della componente emotiva delle memorie, cosa che ha spinto i medici di due ospedali americani a somministrarlo sistematicamente per prevenire il cosiddetto stress postraumatico nelle persone che si presentavano al pronto soccorso dopo un incidente automobilistico: ma il suo uso indiscriminato o routinario solleva numerosi problemi etici. Ad esempio, la sua prescrizione da parte dei medici alle vittime o ai testimoni di un crimine violento, pur avendo un effetto terapeutico legato alla riduzione della portata emotiva del trauma, può interferire con la capacità di testimoniare su quell'evento o con lo stesso desiderio di mantenere un ricordo integro di un fatto particolare.

13. Nei circuiti della memoria

Non tutte le esperienze sono caratterizzate da una dimensione esplicita, come abbiamo appena notato a proposito dell'emozione: a ciò che è esplicito si oppone ciò che è implicito, come nel caso della memoria che, lungi dall'essere una funzione unitaria, fa capo a diverse tipologie e condizioni. Oltre alla memoria di lavoro, o a breve termine, esistono memorie durature e codificate in modo stabile, le memorie a lungo termine. Un'altra differenza riguarda le memorie procedurali – o implicite – legate appunto a procedure, apprese attraverso la pratica, prevalentemente motorie come l'annodarsi i lacci delle scarpe o l'andare in bicicletta, e le memorie di tipo dichiarativo o esplicite, memorie dei fatti appresi attraverso le esperienze e lo studio. Nel far emergere i ricordi della nostra vita chiamiamo invece in causa particolari tipi di memoria: la memoria dichiarativa, la memoria autobiografica o, nel caso di fatti specifici, la memoria episodica, che consentono di ricollegare una particolare informazione nel contesto del tempo, dello spazio e della presenza di chi ricorda: «quella volta che» (il tempo) «nel corridoio della scuola» (lo spazio) «si è verificato quel fatto» (la presenza di chi ricorda). La memoria episodica è in qualche modo intrecciata con quella semantica che implica una conoscenza di fatti, concetti, elementi linguistici che, a differenza della memoria episodica, non sono legati a un contesto. Ad esempio, quando si afferma che Milano è a nord di Roma e Venezia a est di Torino vengono richiamate conoscenze che non sono contestualizzate, come invece può avvenire per un particolare episodio della vita personale. Gran parte della vita si basa su memorie di tipo dichiarativo, memorie costruite nel tempo, mattone dopo mattone, per edificare un edificio di conoscenze in cui ci è ben difficile se non impossibile rintracciare le origini delle singole esperienze e ricordi; come ad esempio si verifica per la lingua che parliamo correntemente, frutto di complesse memorie linguistiche fatte di conoscenza di vocaboli e regole grammaticali e sintattiche.

Fatte queste osservazioni, si può considerare quali siano le reti neurali da cui dipendono questi diversi aspetti della memoria. È ormai assodato che le memorie procedurali hanno al loro centro un circuito che parte dalla corteccia motoria, va ai gangli della base e da questi, attraverso il talamo, ritorna alla corteccia motoria. Questo circuito è alla base delle memorie che riguardano abitudini e abilità elementari e ricorrenti, come avviene per i gesti e le azioni ripetitive. Un secondo circuito, che riceve informazioni dalla corteccia motoria primaria e dalle aree della corteccia associativa sensoriale, raggiunge invece il cervelletto, da qui l'informazione è convogliata al talamo e da questo nucleo torna alle aree motorie della corteccia frontale e parietale: questo circuito fa sì che le risposte motorie ad alcuni stimoli diventino quasi riflessi automatici, come può avvenire quando ci si blocca per un improvviso ostacolo. Le differenze tra i due tipi di memoria procedurale emergono chiaramente nel caso dell'esecuzione musicale: dal circuito dei gangli della base dipende la memoria dell'esecuzione delle note, dal circuito del cervelletto dipende la memoria dell'esecuzione di una musica.

Per quanto riguarda i circuiti implicati nelle memorie di tipo dichiarativo, le conoscenze partono dallo studio di un caso clinico molto noto,[34] conosciuto per le iniziali HM della persona colpita da una forma di amnesia retrograda (le memorie del passato) e anterograda (l'impossibilità di formare nuove memorie). L'analisi dettagliata di questo caso, iniziata prima ancora che fossero disponibili tecniche di *neuroimaging*, ha indicato che le lesioni dell'ippocampo e della corteccia temporale inferiore a esso connesso erano responsabili del mancato accesso ai ricordi del passato e della mancata codificazione di quelli nuovi da parte di HM. L'esame di questo e di altri casi clinici, oltre che lo studio dei rapporti tra struttura e funzione nei primati non umani, ha indicato che le memorie di tipo dichiarativo si basano sia sul circuito ippocampo-corteccia temporale sia su strutture che appartengono al diencefalo. In modo schematico la regione temporale è connessa con l'amigdala e l'ippocampo e quest'ultimo con il diencefalo tramite il fornice in una sorta di circuito della memoria di cui, ovviamente, fa parte tutta la corteccia cerebrale, che è connessa con quella temporale e, in modo diretto, con lo stesso ippocampo e diencefalo. Tutte queste strutture nervose sono implicate nella cosiddetta memoria esplicita che implica un riconoscimento cosciente delle esperienze che abbiamo avuto e che possono affiorare spontaneamente o essere richiamate alla mente. Sensazioni o esperienze, per essere trasformate in memorie esplicite, devono passare per le strutture del lobo temporale mediale – come la corteccia entorinale –, una sorta di imbuto attraverso cui vengono filtrate tutte le sensazioni e percezioni, e dall'area temporale mediale, attraverso ippocampo e amigdala che ne connotano specifiche caratteristiche (memorie spaziali, emotive ecc.), devono raggiungere il diencefalo dove le esperienze vengono «assemblate» e registrate sotto forma di memorie stabili nei circuiti del cervello. Il circuito della memoria «corteccia temporale-ippocampo-diencefalo» consente di connettere tra loro le diverse componenti degli episodi della vita quotidiana (sensazioni, immagini mentali, emozioni, valutazioni della realtà) per trasformarle in memoria episodica ed eventi della nostra storia individuale.

I circuiti alla base della memoria procedurale e di quella dichiarativo-semantica sono quindi diversi e fanno rispettivamente capo da un lato ai gangli della base e al cervelletto, dall'altro alla corteccia temporale-ippocampo-diencefalo. In genere, entrambi i circuiti vengono attivati simultaneamente e in parallelo ma in quelle esperienze e apprendimenti in cui entrambi i sistemi di memoria possono fornire una soluzione adeguata, quello ippocampale si fa carico delle forme di apprendimento rapido che sono inizialmente utili per controllare un comportamento adeguato mentre cede il suo ruolo al sistema della memoria controllato dai gangli della base, e più specificamente dal caudato, quando si tratta di mediare forme di apprendimento meno veloci e ripetitive, basate su associazioni tra determinati stimoli e risposte specifiche, come avviene per diversi aspetti del condizionamento. In sostanza, questi due sistemi della memoria possono interagire in modo competitivo. Questa competizione può essere spiegata in termini evoluzionistici: se infatti un particolare circuito o sistema si rivela inadatto a fornire una soluzione adeguata a un nuovo tipo di informazione o di compito, può gradualmente emergere per selezione naturale un altro circuito che agisce in parallelo o compete con quello preesistente. In generale, malgrado la competizione tra i due sistemi, si può verificare un avvicendamento nella presa in carico dell'informazione: in alcuni compiti, ad esempio nella gestione di informazioni che si succedono su una base probabilistica, come può avvenire per quegli eventi che ricorrono nel tempo sulla base di sequenze complesse, entra inizialmente in funzione il sistema ippocampale, specializzato in memorie di tipo dichiarativo; successivamente subentra quello striatale che tiene conto con maggiore efficienza delle sequenze che caratterizzano il verificarsi di un evento, come ad esempio può avvenire in una partita di carte in cui si tratta di memorizzare le carte uscite e di fare una stima probabilistica delle prossime «uscite». Se si vuole schematizzare in termini più generali il ruolo dei due sistemi, quello ippocampo-corteccia temporale mediale entra in funzione, quando si tratta di apprendere nuove esperienze, soprattutto basate su forme di memoria dichiarativa, e successivamente si attiva quello striatale, quando l'evento diventa più noto e si ripete nel tempo.

Come abbiamo visto, la memoria semantica si riferisce a significati, concetti, per i quali non è importante ricordare il momento e la situazione nei quali essi sono stati appresi: è una memoria che contiene le conoscenze sul mondo in forma organizzata. Similmente a quanto si verifica per la memoria procedurale, anche quella semantica non è unitaria ma suddivisa in diversi compartimenti e competenze. A prima vista si direbbe che la memoria semantica, che riguarda il modo in cui la nostra conoscenza della realtà e del mondo che ci circonda è rappresentata nel cervello, sia suddivisa in categorie e specializzazioni. Ad esempio, in alcuni pazienti descritti da Antonio Damasio,[35] era evidente una chiara dissociazione tra la capacità di descrivere oggetti inanimati e quella relativa a oggetti animati: un asciugamano veniva definito un oggetto usato per asciugare le persone, una carriola un oggetto per trasportare le cose, un aeroplano un oggetto che trasporta la gente nel cielo, mentre la descrizione di oggetti animati, come un insetto, un uccello, un cane ecc. era totalmente errata e non appropriata. Altri pazienti conservavano invece una buona memoria semantica per gli oggetti animati, che erano descritti in modo appropriato, mentre essi presentavano un'amnesia per gli oggetti inanimati che non erano in grado di identificare. Ciò significa che la nostra memoria – o la nostra mente – è una specie di cassettiera in cui vengono immagazzinati ricordi di un tipo o dell'altro, assortiti in cassetti diversi a seconda di categorie stabilite dal cervello? La spiegazione è probabilmente diversa: la distinzione che facciamo tra animali e piante da un lato e oggetti d'uso dall'altro dipende dal fatto che noi osserviamo i primi mentre usiamo i secondi, utilizzandoli sulla base di azioni motorie (giriamo un cacciavite, alziamo e spingiamo una carriola, guidiamo una macchina, saliamo su un treno ecc.): ciò crea due diverse categorie nella nostra memoria, proprio perché impieghiamo diverse parti del cervello per riconoscere e ricordare animali oppure oggetti.

14. Una vita di ricordi

Un importante aspetto della memoria, in cui si incrociano studi neurobiologici e testimonianze letterarie, riguarda la datazione dei primi ricordi. Sino a che punto è possibile procedere a ritroso negli anni per andare alla ricerca delle prime memorie, agli inizi della propria storia individuale? Questo tema ricorre negli scritti di numerosi letterati, dal Dedalus di James Joyce che ricorda eventi e sensazioni della prima infanzia, a Marguerite Yourcenar, che ha tentato di risalire all'inizio delle proprie memorie, seppure con qualche scetticismo: «A lungo ho creduto di avere pochi ricordi d'infanzia; intendo quelli anteriori al settimo anno. Ma mi sbagliavo: penso piuttosto di non aver dato l'occasione finora, ai ricordi, di risalire fino a me. Riesaminando i miei ultimi anni al Mont Noir, alcuni almeno ritornano poco a poco visibili, come fanno gli oggetti di una stanza dalle persiane chiuse nella quale non ci si avventura da molto tempo. Rivedo soprattutto piante e animali, su un piano secondario rivedo alcuni giocattoli, giochi e riti che avvenivano intorno a me, e più vagamente, come nello sfondo, alcune persone».[36]

Scavando nel tempo, come fa la Yourcenar, è quindi possibile risalire a ricordi che si ritenevano scomparsi? Tutto è iscritto nelle trame nervose e per rievocare l'interezza delle memorie perdute è sufficiente compiere uno sforzo, sapere o volere cercare? I neuroscienziati hanno cercato di dare una risposta più generale a questo interrogativo: intorno alla metà degli anni Sessanta molti di loro ritenevano che in effetti ogni esperienza potesse lasciare una traccia, che tutto il nostro passato fosse registrato nei ridondanti circuiti cerebrali. Essi erano giunti a questa conclusione sulla base degli studi di Wilder Penfield, un noto neurochirurgo che aveva tentato di sondare i meandri della memoria nei pazienti che doveva sottoporre a diversi tipi di chirurgia cerebrale. Penfield disponeva sulla superficie della corteccia cerebrale, in particolare del lobo temporale, alcuni elettrodi con cui poteva trasmettere una debole corrente elettrica: i pazienti, operati in anestesia locale, erano consci e la corrente elettrica non provocava loro alcun disturbo dal momento che la superficie cerebrale non è sensibile al dolore. In numerosi casi, riferisce il neurochirurgo,[37] i pazienti riferivano antichi ricordi: uno di loro, ad esempio, rivedeva la casa dell'infanzia, circondata da un prato verde e da alberi ad alto fusto, un altro sentiva la voce di una madre che chiama il suo piccolo, un altro ancora annunciò con voce entusiasta di rivedere i suoi amici del Sud Africa e due bambini che gli sembravano proprio i cuginetti. Penfield tracciò una mappa della corteccia temporale dividendola in quadratini o «punti» e, a seconda del punto stimolato riuscì a ottenere diversi ricordi da uno stesso paziente, il che lo portò a ritenere che esistessero «engrammi» o tracce di ricordi codificate stabilmente nei circuiti cerebrali, engrammi che con qualche accorgimento avrebbero potuto essere riattivati per rivelare un mare di ricordi, perduti solo in apparenza.

La situazione, tuttavia, è diversa rispetto alla descrizioni e interpretazioni di Penfield. Anzitutto il numero di persone che riferiva di ricordare episodi lontani era decisamente la minoranza del suo campione sperimentale (40 su 520 pazienti stimolati con gli elettrodi), e in secondo luogo ciò che i pazienti ritenevano «ricordi» avrebbero potuto essere fantasticherie o allucinazioni in risposta ad alcune percezioni o immagini visive indotte dalla stimolazione elettrica, come risulta da successivi esperimenti che riguardano soprattutto l'aumento dell'attività elettrica della corteccia temporale. Tuttavia, malgrado esistano oggi forti dubbi sulla concezione di Penfield, secondo cui il nostro cervello sarebbe impregnato di memorie che non sono in grado di manifestarsi, l'idea che il cervello registri ogni dettaglio, dato il suo enorme potenziale, non può essere scartata in assoluto, anche se essa appare alquanto improbabile, soprattutto se si tiene conto del fatto che numerosi esperimenti sulle basi neurobiologiche della memoria, effettuati su organismi ben più semplici dell'uomo, come gli invertebrati o i topolini, indicano che la traccia mnemonica è piuttosto fragile e che, dopo qualche tempo, si indebolisce fino a scomparire.

Dal punto di vista sperimentale è difficile suffragare l'una o l'altra ipotesi, mentre è più semplice e più affidabile concentrarsi sulle caratteristiche dell'oblio e degli stimoli che sono in grado di riattivare una particolare memoria. Oggi è noto che il numero degli stimoli in grado di attivare una memoria diminuisce col passare degli anni cosicché il ricordo diventa sempre più sfocato: è quanto risulta dagli studi di una psicologa, Marigold Linton, che ha condotto su se stessa uno degli studi più accurati in tema di autobiografie. Per quasi quindici anni ha messo per iscritto, giorno dopo giorno, la descrizione di almeno un paio di eventi di rilievo, o che almeno tali le parevano al momento: a distanze varie, mesi o anni, Linton è andata a rileggersi quei ricordi e ha visto che, inizialmente, i ricordi sono vivi e non sono necessari molti suggerimenti per rievocarli, ma man mano che il tempo trascorre e i ricordi si affievoliscono, il numero di suggerimenti in grado di far ritornare alla mente quell'esperienza si assottiglia sempre più,[38] C'è bisogno di uno stimolo che combaci in modo quasi perfetto con la memoria di un tempo perché un antico ricordo venga ricuperato, come ad esempio sa chi non ritorna più da tanto tempo in un luogo che una volta gli era familiare: all'inizio si può verificare un senso di spaesamento ma all'improvviso un qualche particolare in apparenza insignificante può ridestare il ricordo nella sua interezza. All'inizio, ogni chiave è buona per aprire la serratura del ricordo, col tempo la chiave è sempre più specifica. Il ruolo degli stimoli-suggerimento è quindi molto diverso nelle memorie di lunga data o in quelle più fresche: man mano che le prime si affievoliscono diminuisce il numero di stimoli in grado di riscostruirle, per recuperare le memorie recenti bastano invece pochi stimoli. D'altronde, il rapporto tra stimolo e ricordo non è statico ma varia nel tempo; così, tra i tanti stimoli che possono fare affiorare un ricordo, ne vengono selezionati alcuni o altri a seconda del modo in cui il ricordo viene ristrutturato nel tempo.

Come avviene che i diversi tipi di ricordi autobiografici lascino tracce diverse nella nostra mente? Perché ricordiamo di più alcuni eventi, in particolare gli eventi a carattere generale, invece di altri? Se domandiamo a una persona di parlarci dei suoi ricordi, o se riflettiamo sul nostro passato, ci renderemo conto del fatto che questi grandi «contenitori» scandiscono la nostra vita: in genere pensiamo a quando da ragazzi giocavamo a tennis, a quando eravamo all'università, a quando abbiamo iniziato a lavorare, piuttosto che a quell'incidente nella partita, a quell'esame di latino, a quell'errore sul lavoro ecc. La buona memoria per questi ricordi generali dipende in gran parte dal fatto che essi «connotano» aspetti importanti della nostra vita e vengono ripetuti: sono ricordi che parlano della nostra identità, degli anni in cui la nostra personalità ha preso corpo, come avviene per gli anni dell'adolescenza, della gioventù, della prima maturità. Anno dopo anno ci ripetiamo questi ricordi ed essi lasciano una traccia stabile che difficilmente viene intaccata dall'amnesia. I ricordi legati ai periodi della vita hanno invece un'altra funzione: servono per inquadrare in maniera più generica fasi del nostro passato per poi passare al livello degli eventi generali. È su questi eventi generali che ci si sofferma per comunicare agli altri alcuni aspetti della nostra identità. mentre i ricordi specifici possono rappresentare un approfondimento successivo.

Questa suddivisione rimanda a punti di vista diversi per rappresentare la memoria autobiografica – più vasti, intermedi o più focalizzati –, il che suggerisce che ogni ricordo della nostra vita non dipenda da una singola «traccia», o engramma che dir si voglia, in quanto le esperienze del passato dipendono da un complesso lavoro di rimpasto di «frammenti» relativi a diversi livelli autobiografici.[39] Come i singoli ricordi dipendono dalla ricostruzione di un puzzle composto da diversi frammenti, ad esempio percezioni visive, uditive, olfattive, criteri semantici ecc., così le memorie della nostra vita dipendono dal mettere insieme frammenti disparati. Questa concezione della memoria autobiografica deriva anche dall'osservazione di quei pazienti che sono stati colpiti da forme di amnesia retrograda che hanno portato alla scomparsa di «frammenti» del loro passato e che possono conservare il ricordo di anni lontani ma hanno perduto i ricordi di eventi specifici o degli anni più recenti: confrontandosi con le persone di famiglia e apprendendo, come se fosse la prima volta, fatti specifici relativi al loro passato ed eventi generali più recenti, i pazienti amnesici devono «inserirli» nella trama della propria memoria per ricostruire il passato. Questi elementi della propria autobiografia appresi dagli altri vengono vissuti con un senso di distacco e di estraniazione. Eppure essi contribuiscono al processo di ricostruzione della continuità autobiografica, al significato della propria esistenza. Infatti, la persona che ha perduto parte dei propri ricordi incorpora le nuove informazioni e le utilizza per «raccontarsi storie» sulla propria identità. Qualcosa di simile avviene in tutti noi: ci raccontiamo storie sul nostro passato e man mano ristrutturiamo il significato dei singoli ricordi, cosicché la realtà delle memorie diventa progressivamente meno importante rispetto alla sua ricostruzione «di parte», che implica distorsioni, abbellimenti, omissioni, trasformazioni...

15. Una memoria mutevole

La memoria è spesso presentata come un archivio in cui vengono depositate le esperienze: un archivio duraturo che contiene le cosiddette memorie a lungo termine, consolidate e stabilizzate a partire dalla forma a breve termine o «di lavoro». Questa concezione a due livelli della memoria si è affermata in seguito alle teorie di Donald O. Hebb, che per primo ha sostenuto che le memorie a breve termine dipendessero da alterazioni elettriche delle sinapsi – i punti di contatto tra neurone e neurone – di un circuito nervoso e quelle a lungo termine da alterazioni strutturali. In linea con le teorie hebbiane, gli psicobiologi avevano dimostrato come la fase del consolidamento della memoria fosse fragile e come numerosi trattamenti fisici, come un elettroshock somministrato immediatamente dopo un'esperienza o la somministrazione di antibiotici che bloccano la sintesi proteica – e quindi la produzione di nuove sinapsi – impedissero il passaggio dalla memoria a breve a quella a lungo termine: ma una volta che il consolidamento era avvenuto, nulla avrebbe potuto turbare i ricordi stabili, salvo un lento e inesorabile processo di oblio, più evidente negli anni della vecchiaia.

In realtà, il significato di questi episodi, come di ogni ricordo e esperienza, varia nel tempo cosicché alcuni possono essere posti in seconda linea, altri occupare un posto più saliente e altri ancora andare incontro all'oblio. Questo continuo rimaneggiamento e ristrutturazione dei ricordi rimanda a una caratteristica di base della memoria: la sua instabilità, la sua mutevolezza, la sua problematica affidabilità: in altre parole, come indicano i più recenti studi in ambito psicobiologico, la memoria è tutt'altro che stabile e andare incontro al cosiddetto «riconsolidamento», vale a dire a una ristrutturazione che dipende da esperienze diverse rispetto a quelle fondatrici. La mutevolezza dei ricordi nel tempo appare da due ordini di ricerche, sperimentali e cliniche. Il primo approccio si basa su ricerche condotte dallo psicologo Larry R. Squire sugli effetti dell'elettroshock: questo trattamento, usato ancora dagli psichiatri in casi di grave depressione nervosa, ha un effetto negativo sulla memoria umana e animale. Se esso viene somministrato subito dopo un'esperienza, prima cioè che avvenga il consolidamento della memoria a breve termine nella forma a lungo termine, si verifica un'amnesia retrograda, viene cioè cancellato il ricordo di quell'esperienza in quanto l'elettroshock disturba i fenomeni elettrici che caratterizzano la memoria a breve termine e questa non si consolida. Squire ha però indicato come l'elettroshock non agisca soltanto sul processo di consolidazione della memoria, cioè sulla trasformazione da memoria breve a memoria lunga, ma anche sulle memorie già consolidate. Ciò contraddice in qualche misura un vecchio dogma sul consolidamento della traccia della memoria: infatti, gli psicobiologi ritenevano che, una volta consolidata, la memoria non potesse essere più turbata da quei trattamenti che provocano un dissesto dei fenomeni elettrici che sono alla base della memoria breve e da cui si passa alla memoria a lungo termine. L'immutabilità e la stabilità della memoria a lungo termine sarebbero quindi un mito e il processo di consolidamento non assicurerebbe una costanza delle esperienze codificate in forma «stabile»? È quanto indicano una serie di ricerche recenti, in buona parte legate agli studi di Karin Nader, Joseph LeDoux e Susanne Sara, che dimostrano come oltre al consolidamento esista anche il riconsolidamento, caratterizzato da ristrutturazioni delle precedenti esperienze.

Nei classici esperimenti sul blocco del consolidamento della memoria da una fase labile a una stabile, gli animali ricevevano un'iniezione intracerebrale di un antibiotico al termine della seduta di apprendimento: quando l'inibitore della sintesi proteica veniva somministrato immediatamente dopo l'esperienza questa non veniva consolidata: la somministrazione dell'antibiotico era invece inefficace quando essa avveniva alcune ore dopo, cioè quando aveva avuto già luogo il processo di consolidamento. Ulteriori ricerche hanno invece dimostrato che se gli animali, dopo aver consolidato una particolare esperienza o stimolo, sono nuovamente sottoposti a una breve esperienza simile a quella precedente e subito dopo vengono iniettati con l'antibiotico, il ricordo è in buona parte cancellato: in altre parole la loro memoria da stabile diventa instabile quando essi rivivono la prima esperienza. Il termine riconsolidamento sta a indicare che l'atto di ricordare qualcosa rende la traccia mnemonica flessibile, soggetta a rimanipolazioni e ristrutturazioni. La memoria, quindi, anziché essere stabile è dinamica, il che ha implicazioni terapeutiche: numerosi neuroscienziati, tra cui Eric Kandel, hanno infatti ipotizzato che le psicoterapie, ovvero la «terapia della parola» potrebbero portare a una ristrutturazione delle esperienze rivissute o perlomeno mutarne il significato così da renderle più accettabili nel caso di eventi traumatici o al centro di conflitti inconsci.

L'inaffidabilità o la parzialità della memoria sono un aspetto ricorrente di numerosi romanzi polizieschi: spesso un testimone ricorda una parte della verità o addirittura è in contrasto con altri testimoni in quanto non ha soltanto percepito un diverso aspetto della scena del delitto ma gli ha anche dato un significato diverso, cosicché il suo ricordo non è una fotografia della realtà ma una sua rielaborazione. Questa selettività o parzialità dei ricordi non riguarda soltanto la letteratura ma anche la vita quotidiana, come indica un'originale studio effettuato per conto del Museum of Modern Art di New York. In questa ricerca venne chiesto a una parte del personale del museo di descrivere a mente alcuni quadri che erano stati a lungo esposti sulle pareti e che erano stati rimossi a causa di prestiti o restauri. I risultati dell'inchiesta indicarono che ogni persona, che pur aveva «visto» quel quadro quotidianamente per settimane o mesi (nella fattispecie *L'assassino minacciato* di René Magritte, 1926), ne ricordava un aspetto particolare e generalmente dissonante rispetto al ricordo dei colleghi: chi ricordava un colore, chi una forma specifica, chi l'atmosfera, i personaggi, lo sfondo e così via.[40] La ricostruzione verosimile del quadro non emergeva che dalle descrizioni di un esiguo numero di addetti al museo. La mente, insomma, appare ben diversa da un computer o da una macchina fotografica, può incamerare dettagli ma selezionarne solo alcuni nel suo lavoro di ricostruzione. Spesso non si tratta nemmeno di dettagli verosimili, dei pezzi di un puzzle che, messi insieme, consentono di ricostruire la vera immagine o il vero ricordo, ma di indizi che possono esser utili per il «lavoro» della memoria. Questo aspetto del lavoro di ricostruzione della memoria, cioè la ricostituzione delle esperienze, è al centro di una pagina autobiografica di Marguerite Yourcenar che, ormai adulta, tenta di ricostruire il proprio passato e la storia familiare a partire da alcuni indizi: «[...] sono costretta, proprio come lo sarei per un personaggio storico che tentassi di ricreare, ad appigliarmi a schegge di ricordi di seconda o di decima mano, a informazioni tratte da frammenti di lettere o da fogli di taccuino che si è trascurato di gettare nel cestino dei rifiuti e che la nostra avidità di sapere spreme al di là di quanto possono dare [...] So che tutto questo è falso o vago come tutte le cose reinterpretate dalla memoria di troppi individui diversi...»[41]

Nel tentativo di ricostruire il proprio passato, vale a dire il significato della propria vita, la scrittrice va alla ricerca di testimonianze, fotografie, ricordi di famiglia, storie raccontate da chi ha condiviso alcune fasi di quel passato. La difficoltà di separare i ricordi reali da quelli immaginari risulta chiaramente da un brano delle *Memorie di Adriano*, forse l'opera più nota della Yourcenar: «Mi studio di ripercorrere la mia esistenza per ravvisarvi un piano, per individuare una vena di piombo o d'oro, il fluire di un corso d'acqua sotterraneo, ma questo schema fittizio non è che un miraggio della memoria. Di tanto in tanto, credo di riconoscere la fatalità di un incontro, in un presagio, in un determinato susseguirsi degli avvenimenti, ma vi sono troppe vie che non conducono in alcun luogo...»[42]

In questo suo lavoro di ricostruzione autobiografica la scrittrice si serve di memorie «non sue»: ciò significa che la memoria autobiografica è una costruzione di dubbia verità? In realtà l'accuratezza delle nostre memorie è fuori discussione se ne consideriamo gli aspetti generali: numerosi particolari e aspetti specifici possono invece essere più dubbi e modificarsi lentamente col passare del tempo. Ad esempio, sono stati condotti studi in cui alcuni volontari dovevano annotare su un diario eventi critici della loro vita quotidiana. A distanza di tempo uno psicologo rileggeva loro brani del diario che avevano scritto chiedendo se ricordavano gli avvenimenti descritti. In alcuni casi lo psicologo modificava ad arte il testo (dattiloscritto), anche in modo sostanziale: più lungo era l'intervallo di tempo trascorso, maggiore era la possibilità che le persone riconoscessero come propri ricordi gli eventi – falsi – descritti nel «loro» diario.

Un altro aspetto dell'affidabilità delle memorie autobiografiche riguarda la capacità di datarle con una qualche precisione. Per studiare questo aspetto, che fa parte di quella che viene definita come la psicologia del tempo, gli psicologi possono porre domande del tipo «quando è stata l'ultima volta che» (sei andato al cinema, dal medico, fuori città per il week-end ecc.) oppure «quante volte hai» (indossato un determinato vestito, comperato un particolare prodotto ecc. nell'arco di tempo di una settimana, un mese ecc). In genere, abbiamo la sensazione che gli eventi si siano verificati tanto più frequentemente quanto più forti sono i ricordi. Perciò gli eventi più recenti vengono – ovviamente – datati con maggior precisione, e vengono considerati più frequenti, quelli più lontani del tempo vengono datati in modo approssimativo e ritenuti più rari di quanto si siano verificati nella realtà. Gran parte degli errori di datazione derivano dal fatto che il nostro «tempo interiore» e il tempo fisico non coincidono: se siamo attivi e impegnati in numerose attività, gli eventi relativamente vicini ci sembrano più lontani mentre il contrario avviene quando siamo inattivi o poco impegnati, come spesso si verifica negli anziani che giudicano più lontani avvenimenti che hanno avuto luogo pochi giorni prima. Uno dei meccanismi che regolano la «precisione» della datazione dei nostri ricordi è l'associazione tra le memorie individuali e i punti di riferimenti collettivo: possiamo ricordare bene qualcosa che ci è accaduto «nel momento in cui», «il giorno che», «l'anno in cui», si è verificato un fatto memorabile cui è agganciato il nostro ricordo. In mancanza di questi punti di riferimento la datazione dei nostri ricordi può essere molto imprecisa, il che contribuisce a sminuire la loro «fedeltà», sino a suscitare in noi stessi dubbi sull'affidabilità di alcuni eventi della nostra vita.

16. Quanto è attendibile la memoria?

È possibile che noi riteniamo che alcuni nostri ricordi siano reali – mentre in realtà non lo sono – oppure che ciò che ci viene riferito a proposito di un qualche avvenimento modifichi la nostra memoria di quel fatto? È possibile, insomma, che la memoria sia molto – o totalmente – infedele?

Questo tema, al centro della teoria psicoanalitica, è stato affrontato dallo stesso Sigmund Freud nel 1897, quando il padre della psicoanalisi si soffermò sul significato dei ricordi di presupposti traumi e violenze sessuali risalenti all'infanzia del paziente. Freud, inizialmente, ritenne che questi ricordi che affioravano sotto ipnosi o nel corso dell'analisi fossero veritieri e che bisognasse prestare loro fiducia; ma in seguito giudicò che si trattasse di confabulazioni fantastiche e che le memorie dei – presupposti – abusi sessuali risalenti all'infanzia fossero in realtà delle «memorie schermo», distorsioni o proiezioni che, attraverso immagini visive «inventate» raffiguravano i desideri o i conflitti inconsci del paziente oppure facevano in modo di non fronteggiare quanto si era realmente verificato. Secondo Freud il riaffiorare di (false) memorie relative a (presunti) abusi sessuali nel corso dell'infanzia poteva dipendere da non esplicitate o esplicitabili pulsioni erotiche nei confronti della persona responsabile del presunto abuso.

Freud non ha mai chiarito in che modo l'analista potesse separare le memorie reali o attendibili da quelle false o «di schermo», mentre altri studiosi della psiche hanno cercato di separare queste due diverse componenti dei ricordi. Uno degli studi più approfonditi è stato effettuato dallo psicologo inglese Frederic Bartlett che si è servito di un'antica leggenda indiana che ben si presta a interpretazioni e proiezioni soggettive: Bartlett raccontò questa storia a un gruppo di volontari che dovevano raccontarla nuovamente in diverse occasioni. Egli notò che i partecipanti a questo esperimento non si attenevano alla storia: ne omettevano parti, adottavano «scorciatoie», inserivano parti che più che altro rispecchiavano le loro aspettative e valutazioni individuali. Man mano che passava il tempo, la storia si modificava e veniva «contaminata» da ricostruzioni che non erano tanto dovute a dimenticanze quanto a modifiche. Servendosi dei risultati di questo e di altri studi, Bartlett dedusse che molte memorie sono ricostruzioni immaginarie del passato, che rivelano le aspettative di chi ricorda e le sue conoscenze generali, «regole» che vengono applicate a fatti specifici. Senza ricostruzioni, aspettative e regole, cioè senza un canovaccio su cui disporre i singoli ricordi, questi si presentano come eventi fluttuanti, imprecisi e confusi. Ciò implica che le memorie possono essere ricostruzioni immaginarie del passato? Il ricordo può essere completamente deformato o indotto ad arte?

Per affrontare questo aspetto della memoria consideriamo un classico caso della realtà quotidiana: immaginate di essere testimone di un crimine e di ascoltare un secondo testimone che fornisce una descrizione verbale di quell'avvenimento. Il secondo testimone viene ascoltato dalla polizia per primo e chi stende il verbale vi enuncia alcuni dei punti chiave della sua testimonianza, ritenendo di aiutarvi a fissare la vostra deposizione nell'ambito di una trama ben precisa: «Il colpevole era un ragazzo di media statura, capelli castani, occhi scuri, giubbotto di jeans. Il ragazzo aveva un'espressione provocatoria e ha colpito con un pugno la vittima che è caduta a terra, battendo la fronte». Il poliziotto, normalmente, non dovrebbe agire in questo modo, poiché dandovi una traccia verbale dell'accaduto altera la vostra memoria visiva: le parole hanno il potere di generare un'immagine del colpevole e della scena del crimine che compete con l'immagine che ne avevate e la sposta dalla vostra memoria. Lo stesso meccanismo può modificare non soltanto memorie visive ma anche olfattive o gustative. Se dopo aver assaggiato un vino (ed esservene fatta una memoria gustativa) ascoltate la descrizione di quel vino fatta da una terza persona, c'è il rischio che il vostro ricordo venga pregiudicato: il linguaggio ha il potere di sostituirsi a una parte del ricordo gustativo o visivo. Altrettanto avviene quando la descrizione di un fatto specifico viene filtrata attraverso le conoscenze generali che abbiamo sui tipi di dinamiche in cui ricade quel fatto: nell'ascoltare la descrizione che ci viene fatta siamo portati a «correggere» inconsciamente gli errori che cogliamo in quel racconto e a codificare la descrizione di quel fatto in modo «riveduto e corretto», lo alteriamo rispetto alla realtà.

Il fatto che la nostra memoria possa venire ingannata in modi diversi implica che le testimonianze non siano affidabili? La risposta a questa domanda, che riveste una notevole importanza per diversi aspetti della vita quotidiana e sociale, dipende dalle circostanze e dal modo in cui la testimonianza viene raccolta e orientata. Per affrontare questo tema, partiamo da una delle prime ricerche effettuate in questo campo da Elizabeth Loftus, una psicologa della Washington University.[43] La Loftus era partita da un famoso caso giudiziario degli anni Settanta che, a quei tempi, era ben noto come «il caso dello strangolatore di Bel Air». Dopo una successione di delitti che avevano tenuto in scacco la polizia di Los Angeles, lo «strangolatore» era stato finalmente arrestato e aveva confessato di aver strangolato numerose donne californiane e due donne dello Stato di Washington. Lo strangolatore sembrava però poco affidabile: a volte diceva di aver strangolato un vittima sul sedile della propria automobile mentre il cugino guidava, ma in seguito disse che ricordava di essere entrato in una casa e di aver visto il complice che strangolava la donna. Un'altra volta raccontò agli avvocati e agli psichiatri che lo interrogavano che non era ben certo di essere stato lui a strangolare le sue vittime e che aveva l'impressione di aver tratto i particolari che «ricordava» dai verbali e dagli interrogatori della polizia. Mentiva? Era uno psicopatico affetto da turbe della memoria? Simulava per ottenere l'infermità mentale? A Elizabeth Loftus, che aveva già una notevole fama nel campo della memoria, fu chiesto se era possibile che la memoria dell'accusato vacillasse e che un assassino dimenticasse tanti omicidi. La psicologa rispose che una tale possibilità era tutt'altro che remota in quanto la memoria di chiunque può essere manomessa. Il caso suscitò notevoli polemiche e la Loftus precisò in seguito che in casi simili bisogna tenere conto di vari fattori legati sia alla personalità individuale sia alle condizioni in cui è stata resa la prima testimonianza. Nel caso specifico, l'accusato presentava indubbiamente disturbi della personalità che potevano più facilmente «convincerlo» del fatto che le condizioni in cui si erano svolti gli omicidi erano diverse dalla realtà ma, date le sue caratteristiche psichiche, anche il ruolo svolto dalla polizia poteva aver «alterato» i suoi ricordi.

Anche cittadini «onesti», sostenne Loftus, possono avere la testa piena di falsi ricordi. Se, per esempio, una persona vede un individuo sospettato di omicidio con occhiali e capelli lisci e poi qualcuno parla dei «capelli ricci» del sospetto omicida, nel maggior numero dei casi il testimone «ricorda» un colpevole dai capelli ricci, generalmente senza occhiali. Così, in altri esperimenti sulla memoria dei testimoni, i particolari forniti da altre persone potevano contaminare il ricordo: i testimoni potevano esser indotti a ricordare capannoni che non avevano mai visto, a trasformare automobili gialle in rosse e, soprattutto, a modificare le testimonianze sulla base del modo in cui veniva loro presentata la situazione. Così, testimoni oculari possono valutare più grave un incidente d'auto quando viene loro richiesto come le due automobili si sono «fracassate» anziché «urtate», in quanto diverse parole possono evocare diversi livelli di gravità del fatto.

Se la manipolazione verbale di un ricordo può alterare la memoria dell'ascoltatore, la manipolazione delle memorie visive ha un effetto decisamente superiore, come indicano alcune recenti ricerche sugli effetti di contaminazioni e falsificazioni di «documenti» fotografici, attuate attraverso semplici software, ormai a disposizione di tutti: in particolare, come hanno indicato gli psicologi cognitivi, le false immagini che si riferiscono alla nostra infanzia possono generare false memorie, essere cioè incorporate nella memoria autobiografica e convincerci che un particolare evento si è realmente verificato. Le immagini, infatti, possono ingannarci più delle parole, più di un racconto con cui si cerca di impiantare nella mente di una persona una falsa memoria. In un esperimento ormai classico, dei volontari dovevano leggere delle storie della loro infanzia scritte da membri della propria famiglia: una di queste, d'accordo coi parenti, era falsa e narrava di quella volta in cui il volontario, da bambino, si era perso in un supermercato. Interrogati su questo «evento» della propria infanzia, circa 1/3 dei volontari ne «ricordava» numerosi particolari, ovviamente indotti dalla propria fantasia. Ebbene, un esperimento simile è stato condotto di recente utilizzando foto manipolate, fornite da parenti compiacenti, d'accordo cioè con lo sperimentatore. Una delle foto più utilizzate riguardava un'improbabile ascensione in un pallone aerostatico, effettuata nella prima infanzia dal gruppo familiare: in questo caso più della metà delle persone sottoposte al test si è convinta di aver effettuato quel viaggio e ha aggiunto, nel «ricordarlo», diversi particolari, congrui con la situazione ma totalmente inventati...[44]

Oltre alla dimensione individuale della ristrutturazione e falsificazione della memoria esiste anche una dimensione collettiva che dipende in gran parte dal potere di penetrazione delle immagini cui il nostro cervello presta una forte attenzione: questa dipende dal fatto che in gran parte il cervello umano è programmato in termini visivi, come testimonia la presenza di decine e decine di aree corticali impegnate in questa funzione. Soprattutto per i più giovani, non è sempre facile sottrarsi alla forza insita nelle immagini: i «documenti visivi» proposti dai media si sovrappongono spesso alle simulazioni fantastiche, lasciando dei dubbi, consci o inconsci, sulla verità o falsità di alcune realtà e quindi di alcuni ricordi, destrutturando il senso della storia, rendendone incerta la sua scansione temporale. Lo sviluppo di tecniche di elaborazione dell'immagine, che consentono di ricostruire attraverso animazioni verosimiglianti gli avvenimenti, insinuano sempre più dubbi sul reale svolgimento dei fatti. A livello processuale, ad esempio, un conto è la ricostruzione della scena di un incidente stradale, dove la simulazione consente di comprendere la logica spaziale dei fatti, e altro conto è la ricostruzione computerizzata della scena di un delitto, la costruzione di un vero e proprio filmato dove, volendo, le sembianze delle parti in causa possono essere prestate ai personaggi che compaiono nell'animazione elettronica...

Prendiamo, ad esempio, il caso di alcune immagini ben radicate nella memoria visiva collettiva di quanti erano giovani o adulti negli anni Sessanta: le immagini dell'assassinio di John Kennedy, dello scenario metropolitano di Dallas attraversata dal corteo presidenziale, dell'arresto e uccisione del presunto assassino del presidente americano. Si tratta di immagini che fanno ormai parte di un archivio storico di tipo visivo ben radicato nella nostra memoria: ebbene, cosa succederà a questi nostri ricordi dopo la visione di un film come *JFK* di Oliver Stone o altre analoghe ricostruzioni «a tesi»? Probabilmente, anche grazie all'amplificazione emotiva esercitata dalla colonna sonora musicale sulle immagini del film, saremo meno certi della congruità della nostra memoria: le nuove immagini, che appartengono a una storia falsa o reinterpretata, competeranno con quelle precedenti, cosicché nella nostra mente il confine tra reale e fantastico si farà più sottile. Ma i nuovi «documenti» cinematografici avranno effetti ancor più ambigui e sottili sul pubblico più giovane, cioè su quanti hanno un più evanescente ricordo visivo di quei fatti: le immagini false sembreranno così quasi vere.

Il problema del rapporto tra realtà e finzione all'interno di una cultura sempre più basata sull'immagine potrà assumere in futuro una dimensione sempre più amplia e inquietante. Ma anche nell'ambito della storiografia si profila un uso spregiudicato dell'invenzione o della contraffazione di cui sono teorizzati alcuni aspetti positivi poiché la contraffazione della storia, o se non altro la sua rivisitazione sotto forma di realtà romanzesca, cioè di vera e propria fiction, costituirebbe una sorta di compenso agli eccessi di quello storicismo «arido» e non empatico, cioè distaccato dalla memoria collettiva. È in quest'ambito che si inseriscono opere non già di fiction, totalmente improntate alla realtà romanzesca, ma di *docudrama* o di *faction*, contaminazione tra *fact* e *fiction*, tra realtà e invenzione. Ci avviamo quindi verso un'epoca in cui bisognerà sempre più sforzarsi di separare la storia dalla «fantastoria»? Probabilmente sì, se si tiene conto di un altro aspetto che modifica il significato delle nostre memorie, sia individuali che collettive, cioè la dimensione temporale che oggi, rispetto al passato, è spesso ambigua e sfuggente in quanto il nucleo di ogni nostro specifico ricordo viene rivestito da stratificazioni aspecifiche, contaminato e appannato da continue, nuove esperienze, da un massiccio flusso di immagini – vere e false – che provengono dai media, dalla pubblicità, dalle nuove tecnologie audiovisive, dai videogiochi. Siamo immersi, sempre più di frequente, in un mondo dove il fantastico può essere reale, l'impossibile possibile, in cui vero e falso si sovrappongono, in cui la cultura informatica della previsione e della simulazione ci pone di fronte a futuri, possibili scenari. Viviamo insomma in una dimensione in cui la memoria del passato non si riferisce sempre al «nostro» passato e in cui la classica scansione temporale che ha caratterizzato nei secoli le forme narrative è totalmente sovvertita, i rapporti tra il prima e il dopo aperti a ogni possibilità, come in quei film basati su continui flashback. È indubbio che le tecnologie audiovisive possono sollecitare la fantasia e che i nuovi sviluppi della realtà virtuale, dove i confini tra falso e vero sono ancora più vaghi, possono costituire un'avventura affascinante: tuttavia il bombardamento di immagini cui siamo sottoposti turba, in qualche misura, sia la dimensione individuale che quella collettiva dei ricordi.

17. Un cervello creativo

La mente, dunque, crea false memorie, ha il potere di delineare scenari immaginari, di ritenere veritiere esperienze «impiantate» attraverso strategie e procedure diverse. Se da un lato sottende delle trappole, dall'altro questa capacità di andare oltre i sensi, le esperienze e le realtà usuali è all'origine della creatività, un aspetto della mente che può essere affrontato da vari punti di vista, dalle sue radici naturali e culturali alle caratteristiche della personalità creativa: ma esiste anche un'altra ottica, quella relativa al funzionamento del cervello dei creativi, un aspetto che grazie a nuovi studi e tecniche apre nuove strade a una comprensione dei vari aspetti di questa facoltà mentale. Anzitutto come descrivere questa capacità della mente? Una possibile definizione si riferisce alla propensione a dar vita a una nuova realtà, scorgervi aspetti prima ignorati, affrontarla in modo diverso: è in questo che consiste la creatività, da quella di un artista a quella di uno scienziato o di un inventore. La creatività riflette insoliti ed elevati livelli di percezione, cognizione ed espressione che permettono di porre in relazione e di integrare delle variabili e aspetti della realtà che normalmente vengono percepiti separatamente. Perciò nel riferirci ai comportamenti creativi li possiamo considerare anche nell'ambito di capacità che emergono dalla storia naturale o nel corso dello sviluppo di un singolo individuo, a iniziare dall'infanzia. I comportamenti creativi, infatti, riguardano un bambino che fa un uso innovativo di un giocattolo o di una pezzo di plastilina per ideare una funzione o una forma alternativa, ma anche un animale che risolve un problema al di fuori di un repertorio comportamentale usuale e stereotipato.

Le origini della creatività risalgono alla dissociazione che esiste tra il mondo reale e il modo in cui rappresentiamo mentalmente questo mondo: a partire dalla percezione visiva che ci fornisce immagini diverse da quelle prettamente «fotografiche», non esiste infatti esperienza che venga rappresentata in forma diretta, che non sia cioè interpretata e passata al setaccio di ipotesi che rispondono a una teoria, a una concezione del mondo. Se il nostro cervello si limitasse a registrare l'informazione, ad esempio formando delle memorie «neutre», incasellandole come farebbe un computer in categorie diverse ma senza divergere da strategie computazionali, non vi sarebbe spazio per processi mentali creativi basati sulla plasticità e la divergenza. Il processo di continua ricostruzione della memoria, in gran parte dovuto alle contaminazioni che si verificano a causa delle esperienze che si succedono nel tempo, a una serie di omissioni o aggiunte consce o inconsce, fa infatti parte di quei processi plastici attraverso cui la realtà viene rimaneggiata e rappresentata in modo diverso rispetto al suo nucleo iniziale.

Il modo più classico attraverso cui numerosi psicologi hanno guardato alla creatività è stato quello di separare le funzioni cerebrali dal punto di vista del ruolo dei due emisferi. Da un lato siamo infatti dotati di attività logico-simboliche che dipendono in gran parte dal linguaggio e quindi dall'emisfero sinistro, la metà del cervello in cui sono localizzate importanti strutture linguistiche. Dall'altro lato l'emisfero destro è maggiormente responsabile di una serie di strategie «olistiche», globali, attraverso cui vengono considerate nel loro insieme disparate esperienze, in particolare quelle di tipo emozionale o artistico-musicale. Anche se le caratteristiche dei due emisferi sono più variegate e meno catalogabili in due distinte categorie, non possiamo minimizzare il fatto che l'emisfero sinistro si occupi in prevalenza di attività logico-simboliche, vale a dire di quelle attività computazionali che hanno portato numerosi neuroscienziati a definirlo in termini di intelligenza artificiale. E in effetti, numerose ricerche basate sull'uso di tecniche di *neuroimaging*, che visualizzano le parti del cervello che sono più attive in un determinato momento in quanto sede di una specifica funzione, hanno indicato che vi sono evidenti asimmetrie tra i due emisferi. Tali studi hanno suggerito che l'emergere di soluzioni creative dipenda dal fatto che l'emisfero sinistro viene tacitato mentre viene attivato quello destro, in modo tale da dare spazio ad associazioni fluide, metafore e analogie che rappresentano i mattoni attraverso cui è possibile edificare soluzioni creative.

La possibilità che l'emisfero destro abbia un ruolo importante nella scoperta di nuove soluzioni o in nuovi tipi di spiegazioni appare un fatto ragionevole in quanto, come è stato appena accennato, questa metà del cervello è coinvolta in funzioni quali la produzione e percezione musicale o la produzione di immagini visive. D'altronde, Michael Gazzaniga[45] ha osservato che se uno stimolo visivo verbale (una parola) viene fatto giungere alternativamente all'emisfero sinistro o destro, grazie a un particolare artificio sperimentale, gli stimoli che arrivano all'emisfero destro inducono una maggior numero di immagini mentali, associazioni e analogie rispetto a quelli elaborati dal sinistro. In modo simile, attraverso l'utilizzo della risonanza magnetica funzionale, è stato osservato che l'improvvisa scoperta della soluzione di un problema è un processo che coinvolge soprattutto l'emisfero destro, e specificamente il suo lobo temporale. Prima che però si attivi questo lobo, si verifica un rapido cambiamento dell'attività della corteccia prefrontale, un'area che è coinvolta in numerose funzioni cognitive ed «esecutive» (prestare attenzione, tenere in memoria un'informazione, perseguire un piano, attendersi conseguenze da un'azione ecc.). Questa separazione dei ruoli dei due emisferi ha portato a una concezione della creatività secondo cui le attività dell'emisfero destro sarebbero soprattutto emotive, istintuali, creative, e quelle dell'emisfero sinistro razionali, basate sul significato e quindi prettamente cognitive. Ma questa rappresentazione dei rapporti tra cervello e creatività è un po' schematica e, soprattutto, non ci chiarisce da cosa dipendano i processi creativi o quale sia la loro storia.

18. Evoluzione della creatività

Una «storia naturale» della creatività parte dal fatto che nel corso dell'evoluzione, con l'espandersi della corteccia cerebrale, si è ampliato il potenziale cognitivo del cervello e quindi la sua capacità innovativa. Il crescente sviluppo della corteccia in rapporto ai nuclei sottocorticali, evolutivamente più antichi, ha portato a una crescente diversificazione dei comportamenti che contraddistinguono le specie animali: mentre alcune di esse sono caratterizzate da un maggior livello di rigidità, cioè dalla tendenza a fornire risposte stereotipate e scarsamente variabili, prevalentemente legate a meccanismi istintivi, altre dimostrano invece una maggiore plasticità, ovvero la capacità di diversificare il repertorio comportamentale individuale a seconda della situazione.

Quali sono i vantaggi di queste due condizioni? In un ambiente omogeneo e che cambia lentamente, la specializzazione comportamentale può essere una strategia vincente: esiste tuttavia il rischio evolutivo che l'ambiente possa mutare troppo rapidamente perché l'individuo vi si adatti, il che può mettere a repentaglio la sopravvivenza di una specie. Prendiamo ad esempio i panda o i koala; i primi si nutrono soltanto dei germogli di un particolare bambù, i secondi di foglie di eucalipto: se l'ambiente non muta, bambù ed eucalipti sono a loro disposizione, ma se questi vegetali scarseggiano per qualche motivo, la sopravvivenza è a repentaglio. Una specie animale che non sia specializzata, e che è quindi caratterizzata da un numero elevato di comportamenti organizzati sulla base dell'esperienza del singolo individuo, ha lo svantaggio di spendere l'intera esistenza senza poter contare su dinamiche innate che diano indicazioni su cosa è opportuno fare e non fare, come costruire un nido o quali cibi consumare: ma ha anche il vantaggio di poter mutare il proprio repertorio in base ai cambiamenti ambientali. Mentre gli esseri specializzati si basano su schemi istintivi determinati dalla memoria genetica, quelli che non lo sono mettono in campo una maggiore flessibilità, acquisiscono nuovi comportamenti tramite esperienze individuali e sono capaci di ricombinare risposte diverse in maniera originale per risolvere nuovi problemi. Questa creatività dipende dall'esplorativià del singolo individuo e da un ricco repertorio comportamentale che deriva da precedenti tentativi ed errori: gli animali, così come i bambini piccoli, imparano soprattutto sulla base dei tentativi non coronati dal successo.

Numerosi studi, soprattutto a livello dei primati, hanno tentato di chiarire quali siano gli elementi da cui dipende la produzione di risposte variabili. Uno dei lavori più interessanti a questo proposito è quello condotto anni or sono da due psicologi comparati, Stephen E. Glickman e Richard W. Sroges,[46] che hanno studiato in più di un centinaio di specie, dai rettili ai primati, la reattività (o curiosità) basata sull'orientamento visivo e sulla manipolazione, più o meno superficiale, di oggetti. Se ci si limita ai primati esistono chiare differenze che sono soprattutto connesse alle abilità manipolative e alla curiosità degli animali: le grandi scimmie antropomorfe (gorilla, orangutan, scimpanzé) sono dotate di una notevole curiosità e della tendenza a esplorare e manipolare in maniera sofisticata; i gibboni e i macachi occupano una posizione intermedia; infine, le scimmie più primitive manifestano una bassa esplorativită e una scarsa interazione manipolatoria. In generale le scimmie antropomorfe usano un maggior numero di parti del corpo per entrare in contatto con l'oggetto, compiono con questo un maggior numero di atti motori, formano un maggior numero di combinazioni tra le parti corporee e l'oggetto, compiono movimenti meno prevedibili e meno stereotipati e infine tendono a usare l'oggetto come uno strumento. In sostanza, le scimmie antropomorfe mettono in atto delle forme di interazione con la realtà molto più variegate rispetto a quelle delle scimmie meno evolute: ciò avviene grazie a un misto di esploratività, curiosità e atteggiamenti «analitici» che nel loro insieme non sono molto diversi da quelli di un bambino piccolo che gioca coi cubi, che li usa per costruire torri ed esplora possibilità diverse: i risultati del suo gioco sono spesso imprevedibili ed è difficile separarli dalle ipotesi relative alle conseguenze delle sue stesse azioni...

Ma cos'è che fa sì che una specie sia plastica e in grado di trovare soluzioni nuove e creative? La distinzione fra specie specializzate e non specializzate non dipende soltanto dal livello di complessità del cervello, ma anche da altri meccanismi capaci di generare risposte variabili: tra questi, gli etologi hanno sottolineato il ruolo determinante esercitato da una dieta variata, dalla sicurezza dai predatori e infine dal vivere in un contesto sociale «rilassato» non agonistico, quello che viene spesso definito come atteggiamento edonistico. Non doversi preoccuparein continuazione di sfuggire ai predatori o ai nemici sembra insomma favorire strategie comportamentali più plastiche di quelle semiautomatiche che fanno capo agli istinti. La variabilità comportamentale è però anche associata ad altri due fattori estremamente importanti: sognare e giocare. I neuroscienziati hanno indicato che la fase in cui il cervello sogna (detta anche fase REM) è importante per la ristrutturazione dei suoi circuiti nervosi: soprattutto nell'infanzia (i bambini sognano più del doppio rispetto agli adulti), i circuiti prendono forma sulla base delle esperienze attraverso un lavoro di potatura – eliminazione dei contatti tra neuroni ridondanti – che è molto intenso nella fase REM. Sempre in questa fase, inoltre, le esperienze vengono rielaborate, le memorie vengono consolidate o sfrondate di alcuni elementi irrilevanti, vengono formulate associazioni e ipotesi, sia pure con modalità e stili diversi rispetto a quelli che caratterizzano le attività della mente nella fase diurna. Nel corso del sogno entra in funzione una sorta di caleidoscopio mentale in cui vengono accostati elementi e idee che normalmente non trovano punti di contatto durante la veglia.

Per quanto riguarda il gioco, si tratta di un comportamento tipico dei mammiferi più evoluti, gli unici a giocare tra tutte le specie animali. Nel gioco tutto il cervello viene messo in moto: un gioco di gruppo all'aria aperta comporta sensazioni, percezioni, emozioni, movimenti e, soprattutto, un vero e proprio esercizio cognitivo. Il gioco ha infatti la funzione fondamentale di stimolare la crescita cerebrale e quindi il potenziale cognitivo: non è un caso che la sua incidenza nel corso dello sviluppo aumenti sino a un certo punto per poi diminuire progressivamente, così come avviene per il processo di crescita cerebrale. Le due curve, quella del gioco e quella dello sviluppo del cervello, coincidono in tutte le specie e toccano il culmine nella preadolescenza, quando si formano un gran numero di contatti – o sinapsi – tra i neuroni e quando le fibre nervose che allacciano i neuroni si moltiplicano in modo consistente, facendo sì che si stabiliscano circuiti nervosi essenziali a un buon funzionamento cerebrale. I risultati di una recente ricerca indicano chiaramente che negli animali che giocano aumenta la proteina c-FOS, tipicamente associata alla stimolazione e crescita delle cellule nervose. Tra i fini del gioco c'è quello di preparare i piccoli ai comportamenti tipici dell'adulto: «fare finta che», ovverosia impersonare un ruolo (facciamo che io sono il medico e tu il malato; che io sono il papà e tu il bambino ecc.), è utile per elaborare ipotesi su come funziona la mente degli altri e per sperimentare le conseguenze dei propri comportamenti e le risposte altrui. Giocando, i bambini imparano le regole di gruppo, si rendono conto della concretezza delle proprie azioni, del male che possono provocare alcuni eccessi, della diplomazia necessaria a riallacciare relazioni che si sono raffreddate, anche se per poco tempo. Il gioco, dal canto suo, rappresenta un importante strumento cognitivo dove, egualmente, vengono avanzate ipotesi, simulati scenari, scartate soluzioni inadatte; e dove, soprattutto, vengono messe in campo visioni del mondo alternative, pervase da logiche diverse.

19. I circuiti della creatività

Come abbiamo già notato, il cervello è caratterizzato da due diversi sistemi coinvolti nell'acquisizione, memorizzazione e rappresentazione cognitiva dell'informazione, quello implicito e quello esplicito. Le funzioni esplicite sono basate su regole, i loro contenuti possono essere espressi verbalmente e sono accessibili in modo consapevole, mentre quelle implicite sono basate su abilità e procedure, il loro contenuto non può essere espresso verbalmente ma solo attraverso le prestazioni in un determinato compito – ad esempio andare in bicicletta – ed è inaccessibile a una consapevolezza cosciente. Dal punto di vista delle strutture nervose il sistema esplicito è associato alle funzioni cognitive superiori della corteccia prefrontale e di quella temporale mediale. Il sistema implicito dipende invece dalle strutture dei gangli della base che assicurano una notevole efficienza nei compiti loro affidati. In termini evolutivi, l'origine della corteccia prefrontale e del sistema esplicito è abbastanza recente ed è tipico dei primati che sono caratterizzati da una corteccia prefrontale molto espansa. Non bisogna però schematizzare troppo e separare nettamente la conoscenza esplicita da quella implicita e le strutture nervose da cui esse dipendono. In primo luogo entrambi i sistemi possono essere attivati in parallelo e, in secondo luogo, lo striato, che è una delle strutture dei gangli della base responsabili di funzioni implicite, è anche coinvolto in funzioni esplicite e interagisce con la corteccia prefrontale in numerosi aspetti cognitivi. D'altronde, numerose aree corticali convergono nello striato che associa differenti tipi di informazione rinviandola alla corteccia prefrontale.

Il ruolo di una parte dello striato, lo striato ventrale, riguarda soprattutto i comportamenti legati a una ricompensa di tipo positivo o negativo. È da un nucleo dello striato ventrale, il nucleo *accumbens*, che originano quei rinforzi concreti o virtuali da cui dipendono numerose forme di apprendimento, come nel caso dell'approvazione da parte dei genitori dei comportamenti appropriati di un bambino. Ma lo striato è anche al centro della formazione di memorie procedurali (implicite) o semantiche (esplicite), comprese quelle che sono alla base della produzione e comprensione delle parole. Man mano che si studia il suo ruolo, emerge che l'*accumbens* rappresenta il nodo critico di una rete cui afferiscono disparate informazioni: dai nuclei del sistema limbico, come l'amigdala che è al centro delle reazioni di paura e di altri aspetti dell'emozione, dai nuclei nervosi del mesencefalo coinvolti nei comportamenti legati a un rinforzo (come avviene in molti apprendimenti motivati ma anche in risposta a sostanze d'abuso che generano piacere), e infine da strutture nervose implicate in funzioni cognitive come l'ippocampo o la corteccia frontale. L'*accumbens*, insomma, si trova al centro di una rete in cui occupa una posizione ideale per convertire le informazioni in risposte comportamentali appropriate e legate a un rinforzo: il suo ruolo è anche quello di conferire una coloritura positiva

– vale a dire associare a una sensazione di possibile ricompensa – alle ricadute di scelte e decisioni che dipendono dalla corteccia prefrontale o di segnalare la dissonanza che si verifica tra percezioni della realtà e aspettative. Ma lo striato ventrale è anche implicato nel passaggio da una strategia a un'altra a seconda delle necessità del momento, in altre parole consente di adattare una strategia cognitiva alle circostanze ambientali. È dall'interazione con la corteccia frontale e il sistema emozionale limbico che scaturiscono azioni e comportamenti di tipo esecutivo come la pianificazione ed esecuzione di azioni appropriate, vale a dire i processi decisionali.

Un altro aspetto caratterizza i due sistemi: l'ippocampo, la corteccia temporale e quella frontale sono legati all'apprendimento di nuove esperienze connesse a memorie di tipo esplicito o semantico, mentre lo striato si fa carico della stessa informazione quando questa si ripete nel tempo diventando una specie di routine. I circuiti nervosi responsabili di funzioni cognitive esplicite o implicite possono però anche agire in parallelo o farsi carico dello stesso compito sulla base di diversi fattori quali la novità, la pratica o le abitudini. L'esistenza di queste due reti parallele rimanda a un concetto, quello di «degeneranza», su cui si è soffermato Gerald Edelman.[47] Nella teoria dell'informazione la degeneranza si riferisce ai vari elementi di un sistema che sono strutturalmente diversi ma che svolgono una stessa funzione: ad esempio, nel caso del DNA due codoni differenti come UCG e AGU, codificano per lo stesso aminoacido, nel caso specifico la serina. Più in generale la degeneranza è la capacità di elementi strutturalmente diversi di un sistema di organizzare la stessa funzione (è diversa dalla ridondanza che è realizzata da elementi identici). Questa ridondanza riguarda anche il sistema nervoso centrale: ad esempio, una funzione come il sorriso dipende da due tipi di circuiti, rispettivamente volontari e automatici, cosicché possiamo sorridere forzosamente grazie al ruolo della corteccia motoria o spontaneamente grazie ai circuiti dei gangli della base: nel caso di una lesione della corteccia motoria, in seguito a un ictus, il sorriso volontario è limitato alla metà della bocca controllata dalla corteccia motoria dell'emisfero non leso ma il sorriso spontaneo, controllato dai gangli della base, è invece pieno e riguarda tutta la bocca. Questo è un esempio di come la sopravvalutazione dell'attività preponderante di una specifica struttura o la sua (errata) associazione a un determinato compito hanno avuto in passato la conseguenza di portare a una sottovalutazione degli altri nodi della rete, a una rigida localizzazione di una funzione particolare in un'area specifica.

Se guardiamo ai rapporti tra striato e corteccia prefrontale dal punto di vista della creatività[48] ci rendiamo conto che essi hanno ricadute significative in termini di produzione e selezione delle novità. Esiste infatti un continuo scambio di informazioni tra striato e corteccia prefrontale, cosicché lo striato aggiorna di continuo la corteccia su tutte le esperienze e le funzioni che sono codificate nelle sue reti nervose: lo striato è una sorta di caleidoscopio che proietta sulla corteccia prefrontale sequenze di memorie, procedure, valutazioni emotive e valutazioni motivazionali, consentendole di innovare il suo repertorio di scelta. Questo incessante scambio di informazione che intercorre tra striato e corteccia prefrontale rassomiglia a quanto è stato postulato da Gerald Edelman nella sua teoria della coscienza basata sull'integrazione tra coscienza primaria, memoria simbolica e linguaggio. Edelman ritiene infatti che la coscienza di essere coscienti emerga grazie al continuo brusio neuronale con cui il sistema talamo-corticale tesse una diffusa sincronizzazione tra mappe corticali differenti: ad esempio, nel caso delle visione, legata alla presenza di 33 diverse aree specializzate, si verifica una armonizzazione di ciascuna funzione (orientamento degli oggetti, movimento, colore, chiaro-scuro ecc.) in un quadro unitario.

Partendo da questa panoramica sui rapporti tra diverse strutture cerebrali ed esperienze implicite ed esplicite, memorie, apprendimenti e funzioni esecutive è possibile comprendere quali modifiche nervose siano associate a tre diverse funzioni mentali: la capacità di soluzione di un problema, il cosiddetto «flusso» (l'elevato livello di concentrazione e automotivazione che il noto psicologo cognitivo Mihaly Csikszentmihalyi ha definito col termine di *flow*)[49] e infine la creatività alla luce di due diversi stati cerebrali, i processi primari e quelli secondari.

20. Un flusso creativo

La corteccia cerebrale può essere più o meno attiva, ovvero presentare diversi livelli di vigilanza: la sonnolenza, ad esempio, è associata a un basso livello di vigilanza mentre praticare un videogioco o rispondere a un test in tempi brevi richiede un alto livello di attivazione. Il livello più alto di attivazione si registra in coincidenza con emozioni come la rabbia, la paura ecc. Per valutare lo stato di attivazione corticale ci si serve generalmente dell'elettroencefalogramma: il tracciato dell'attività elettrica del cervello è caratterizzato da onde lente e regolari quando si è rilassati, da onde rapide e a basso voltaggio quando siamo ben svegli, risolviamo un compito o siamo emozionati. Per quanto riguarda l'apprendimento, le prestazioni ottimali si verificano a livelli intermedi: i compiti più semplici vengono a livelli relativamente alti di attivazione mentre quelli più complessi comportano livelli più bassi. In altre parole, per eseguire un compito semplice si può anche essere un po' eccitati ma per una maggiore concentrazione il cervello deve viaggiare a un livello di attivazione inferiore. Quando si passa dalla veglia attiva alla fantasticheria, al sogno a occhi aperti e, infine, al sonno l'attivazione corticale diminuisce: le onde si fanno sempre più lente e ampie. I processi primari (come le associazioni libere da cui possono emergere analogie e idee creative) si svolgono a livelli di attivazione medio-bassa mentre quelli secondari (in cui l'approccio cognitivo è astratto, logico e orientato verso il mondo reale) implicano livelli di maggiore attivazione. L'attivazione della corteccia prefrontale comporta un blocco dei comportamenti irrilevanti, cosa che facilita l'emergere di comportamenti orientati verso un fine, come la soluzioni di problemi, senza prestare attenzione ad associazioni mentali irrilevanti.

Poiché i processi primari e secondari spaziano lungo un arco ideale che connota le diverse attività cognitive, è stato proposto che la mente delle persone creative dovrebbe essere maggiormente in grado di alternare tra questi due diversi stati e processi, primari e secondari, e che pertanto l'ispirazione creativa dovrebbe comportare una regressione a uno stato di coscienza primario. Esistono numerose indicazioni a favore dell'ipotesi secondo cui le persone creative hanno un più facile accesso a processi mentali primari: per esempio, la scrittura diviene più convenzionale e stereotipata in condizioni di maggiore attivazione cerebrale e le situazioni stressanti, in cui il cervello è più attivato, comportano una riduzione delle risposte originali e innovative nell'ambito di test basati su associazioni mentali. Tuttavia, se è vero che i processi primari facilitano la scoperta di nuove reazioni tra elementi diversi, il processo di elaborazione creativa richiede un secondo passo e cioè che si passi nuovamente a un processo di tipo secondario, che comporta un'attivazione della corteccia prefrontale. Sembra quindi illogico limitare la creatività a uno stato di ridotta attività della corteccia prefrontale che invece caratterizza alcune funzioni mentali come il cosiddetto flusso (*flow*) che non coincide con la creatività ma con il perseguimento e realizzazione di un'idea creativa.

A questo punto è utile tracciare una distinzione tra *flow* e creatività: il primo, secondo Csikszentmihalyi, può essere assimilato a un vero e proprio «stato di grazia» che caratterizza il comportamento dei grandi campioni sportivi, degli artisti e delle persone impegnate in un difficile compito, che possono dimostrare una straordinaria capacità di automotivarsi e di sopportare intensi programmi di studio e allenamento. Questo alto livello di concentrazione e automotivazione è associato a uno stato di ridotta attività prefrontale. Dal punto di vista di un approccio empirico, lo stato di flusso ha un vantaggio sulla creatività in quanto si presta più facilmente a essere misurato e correlato all'attività del sistema nervoso. La creatività, al contrario, è una caratteristica più elusiva e non è certamente facile misurarla e quantificarla. Per questo motivo il flusso è stato spesso semplicisticamente assimilato alla creatività con la conseguenza che si è assunto che anche quest'ultima dipendesse da uno stato di ridotta attività prefrontale. Ecco perché è importante distinguere tra *flow* (il perseguire un fine con tutte le proprie energie) e creatività (cogliere nuovi aspetti e soluzioni) al fine di tracciare una distinzione tra i processi cerebrali che sono alla base di queste due funzioni mentali.

Lo stato mentale di flusso si riferisce a un livello di coscienza in cui occorre una sensazione di pieno coinvolgimento e di raggiungimento del successo nella realizzazione di una qualche impresa. In una fortunatissima e romanzata biografia di Michelangelo, *Il tormento e l'estasi*, Irving Stone ci descrive la creazione del David in termini di frenesia creativa:

Questa era la sua esperienza scultorea più splendida e gratificante; non aveva mai provato la sensazione di una figura talmente sprigionata, di un disegno talmente semplice, non era mai stato posseduto da una tale impressione di precisione, di forza, di approfondimento e passione. Adesso non poteva pensare a null'altro, non poteva nemmeno arrestarsi per mangiare o cambiare i vestiti. Doveva assecondare la sua frenesia per il marmo durante tutta la giornata mentre la bianca e acidula polvere si rapprendeva intorno alle sue narici e i suoi capelli divenivano candidi come quelli del vecchio Ficino.[50]

Descrizioni letterarie a parte, qualsiasi attività mentale o fisica può produrre uno stato di flusso purché rappresenti una sfida che richieda un'intensa concentrazione e dedizione, sia caratterizzata da obiettivi ben chiari, sia legata a un feedback immediato e sia in linea con il livello di capacità di una persona. Il fatto che le persone che si trovano in uno stato di flusso operino al di fuori di forme di pensiero di cui sono consapevoli implica che la corteccia prefrontale non costituisca un componente essenziale degli stati di *flow* e che questi, come indica Arne Dietrich,[51] possano essere considerati come un prodotto di sistemi cognitivi impliciti. In effetti, la misurazione dell'attività corticale prefrontale indica che questa diminuisce negli stati di flusso: inoltre, le persone che si trovano in questo stato mentale descrivono la loro condizione in termini che sono compatibili con una ridotta attività prefrontale, ad esempio parlano di una scomparsa dell'autocoscienza e della loro impermeabilità a quegli stimoli che siano fonte di distrazione.

È per questi motivi che gli stati di *flow* sono considerati in termini di una ridotta attività della corteccia prefrontale, il che permette alla mente di focalizzarsi su un obiettivo, in quanto le funzioni cognitive ed esecutive della corteccia prefrontale sono state «silenziate». Focalizzare l'attenzione su un compito specifico fa sì che il sistema esecutivo striatale esegua l'azione al massimo livello di competenza ed efficienza, come d'altronde indicano gli studi di Michael Posner e Marcus Raichle.[52] La creatività, invece, emerge da altri circuiti cerebrali: nuovi elementi vengono generati da parte del sistema implicito, in particolare dallo striato ventrale, e successivamente analizzati dalla corteccia prefrontale che trasforma le novità in risposte e comportamenti creativi. È stato infatti dimostrato che lo striato genera comportamenti nuovi e appropriati alle modifiche della situazione: ma successivamente è la corteccia prefrontale che si fa carico dei comportamenti acquisiti di recente per poi «passarli» in seguito ai gangli della base quando essi sono stati messi ripetutamente in pratica e quindi trasformati in procedure implicite.

Sulla base di questo rapporto e continuo brusio tra le strutture sottocorticali che generano novità e la corteccia prefrontale, la creatività può essere considerata come un processo darwiniano basato sulla classica procedura della variazione-selezione. I gangli della base, con le loro memorie e strategie implicite, possono essere considerate come una sorta di meccanismo che produce di continuo novità mentre la corteccia prefrontale come il meccanismo che seleziona le novità e le trasforma in comportamenti creativi. In quest'ottica, la ricca rete di associazioni che consente allo striato di fondere tra loro le informazioni motivazionali, emotive e cognitive provenienti dalle diverse aree corticali per poi rinviarle alla corteccia prefrontale rappresenta lo strumento che genera innovazione in situazioni diverse, come i comportamenti esplorativi e creativi dei primati non umani, il gioco infantile o il pensiero analogico.

In conclusione, man mano che aumenta la nostra conoscenza del cervello, è sempre più evidente che le funzioni cognitive dipendono da una molteplicità di meccanismi ridondanti piuttosto che da una singola struttura o sistema. Gli studi sulla creatività mettono in luce una pluralità di strutture e funzioni che sono implicate nelle attività creative e che vanno ben oltre la tradizionale e un po' semplificante attribuzione della creatività alle funzioni dell'emisfero destro. Oggi è invece evidente come questa facoltà dipenda da numerose relazioni tra diverse funzioni nervose e cognitive quali le strategie implicite ed esplicite, gli stati mentali primari e secondari, le funzioni esecutive, i comportamenti rinforzati orientati verso un fine e l'emozione. Ma la creatività può anche essere considerata da un punto si vista più generale, quello della plasticità cerebrale che consente un adattamento alla situazione ambientale attraverso nuove strategie: in termini evolutivi queste comportano un passaggio da comportamenti specializzati e stereotipati ad approcci basati sulla ricerca di nuovi stimoli e su comportamenti generalisti.

21. Cervello e inconscio

Le neuroscienze, con la loro capacità di penetrare sempre più a fondo nei meccanismi nervosi e cerebrali, si presentano come una disciplina improntata a un forte riduzionismo, capace di analizzare, e spesso modificare, funzioni nervose e mentali. Dal canto loro, le discipline di tipo psicoterapeutico si sono rivolte, per tradizione, agli aspetti dinamici del comportamento e alle cause ambientali di una serie di disturbi psichici che trovano la loro espressione in singoli casi clinici. Queste posizioni metodologiche e approcci diversi sono stati al centro di una lunga storia di incomprensioni e di un reciproco ignorarsi.

La situazione si è però gradualmente modificata nel corso degli ultimi anni: il punto di svolta, probabilmente, si è verificato quando alcuni neuroscienziati di chiara fama come Eric Kandel, Gerald Edelman, Antonio Damasio e Michael Gazzaniga, hanno sottolineato degli aspetti fondamentali per uscire dagli opposti arroccamenti. Il primo riguarda la plasticità del sistema nervoso, estremamente sensibile nel corso delle sviluppo agli effetti dell'ambiente. Il secondo riguarda l'attenzione rivolta ai processi inconsci nel campo dell'esperienza, dall'apprendimento alla memoria. Il terzo riguarda i processi attraverso cui le trame nervose, e con loro alcuni processi psichici come la memoria, si ristrutturano nel tempo. È a Eric Kandel, probabilmente, che bisogna ascrivere il maggior merito per aver gettato un sasso nelle acque stagnanti – e ben separate – delle due discipline, quando ha indicato come la ristrutturazione delle trame nervose possa anche dipendere da una riorganizzazione degli schemi cognitivi e come questi siano sensibili e dipendano dalle parole, nel caso specifico da quelle del terapeuta.

Se si guarda all'inconscio in termini neuroscientifici, e non dinamici come fa in primo luogo la psicoanalisi, uno degli aspetti più suggestivi riguarda quella «vita nascosta» del cervello, ovverosia la sua continua e turbolenta attività anche quando noi riteniamo che il cervello riposi o sia «inattivo».[53] Ci si è infatti resi conto che nel corso del «riposo» del cervello, l'attività dei territori cerebrali non è omogenea e che vi sono aree della corteccia che manifestano una forte attività in condizioni di riposo mentre entrano in uno stato di calma quando sono eseguiti compiti cognitivi. L'attività in condizioni di riposo non è un rumore di fondo (una sorta di brusio come quello prodotto da una radio disturbata): essa testimonia invece dell'esistenza di una complessa rete nervosa che entra in azione nel corso del riposo e si «spegne» quando il cervello pensa. Le aree maggiormente attive nello stato di riposo sono disposte prevalentemente al centro del cervello, lungo la linea che separa i due emisferi, a partire dal polo frontale: dai calcoli fatti dai ricercatori è emerso che quando queste aree entrano in funzione, nel corso di quello che dovrebbe essere uno stato di «riposo» del cervello, esse utilizzano il 30% in più di calorie per grammo di tessuto cerebrale rispetto alle altre aree. Dunque, quando il cervello sembra essere a riposo perché non svolge compiti cognitivi, come appunto risolvere un problema matematico o comprendere in significato di una frase, in realtà è molto attivo.

Il circuito nervoso eccitato nello stato di riposo – definito anche circuito di default, termine che in informatica si riferisce allo stato o alla risposta di un sistema in assenza di interventi espliciti –, comprende strutture come la corteccia prefrontale mediale, il giro del cingolo e l'ippocampo, aree che sono normalmente coinvolte nei processi di memorizzazione. Questo circuito è implicato in quello che in inglese si chiama *day-dreaming* e in francese *rêverie*, o sogno a occhi aperti: l'ippocampo fornisce l'accesso alle memorie che sono valutate dalla corteccia prefrontale mediale da un punto di vista introspettivo, il che può essere utile per fare una sorta di pratica interna o tacita in rapporto ad azioni e scelte future. Si tratta in sostanza di un circuito in cui vengono rimasticate e rielaborate le esperienze del passato per speculare sul futuro, su nuove possibilità e strategie.

L'attività del circuito di default non è circoscritta ai momenti di veglia, in cui si «stacca la spina» e si lascia vagare la mente: il circuito è anche attivo negli stati di coscienza ridotta o assente, com'è stato accertato valutandone l'attività in persone sotto anestesia o nelle prime fasi del sonno, quando si abbandona lo stato di dormiveglia per dormire. Dal punto di vista neurofisiologico, l'attività del circuito è adatta alla produzione e stabilizzazione delle sinapsi, i punti di contatto tra neurone e neurone che permettono a una rete nervosa di codificare esperienze: ciò giustifica l'elevato consumo di glucosio da parte del circuito di default in quanto, per produrre e stabilizzare la rete nervosa su cui si basano le nostre esperienze. In sostanza, oggi possiamo spingere il nostro sguardo su attività ai limiti della coscienza di cui si può essere appena consapevoli o totalmente inconsapevoli: attività che costituiscono una specie di vita privata del cervello e che indicano come il conscio e l'inconscio si alternino tra loro e facciano capo a vere e proprie strutture o sistemi da cui dipendono i vari aspetti della vita mentale.

Nei suoi scritti sulla psicoanalisi e in gran parte dei suoi romanzi, Arthur Schnitzler indica come il mondo dell'inconscio sia più complesso e frastagliato della classica dicotomia conscio/inconscio.

In effetti, la psiche non è una realtà così semplice. E più in specifico si è scoperto che in essa, oltre al conscio, sono presenti e agiscono molte forme di inconscio. Si è scoperto che il buono non è semplicemente buono, che il cattivo non è semplicemente cattivo; che sia nelle anime virtuose i sentimenti, per così dire, più peccaminosi, sia nelle nature più corrotte la nobiltà d'animo e il bene, non sono celati, ma appaiono visibili a chi sappia osservare attentamente. Si è inoltre scoperto – e questa è stata probabilmente la scoperta più importante – una sorta di fluttuante territorio intermedio tra il conscio e l'inconscio. L'inconscio non inizia così presto come si ritiene, o come talvolta per pigrizia si finge di credere (errore a cui gli psicoanalisti non sempre sfuggono). Tracciare i confini tra conscio, medioconscio e inconscio nel modo più preciso possibile: in questo consisterà appunto l'arte del poeta.[54]

Schnitzler si riferisce a un territorio di mezzo che chiama «medioconscio»: una sorta di regno delle percezioni e dei ricordi che sfugge al dominio dell'interamente razionale e conscio e che tuttavia non è riconducibile all'inconscio. È una zona della psiche nella quale si muovono le riflessioni e i dialoghi interiori dei suoi personaggi. Ma queste «terre di mezzo» non appartengono soltanto all'arte e alla letteratura: anche in ambito neuroscientifico i limiti tra consapevolezza e inconsapevolezza, conscio e inconscio sono più frastagliati di quanto si ritenesse sino a pochi anni or sono.

22. Quattro (possibili) obiezioni

Il cervello, così come oggi lo conosciamo, ci appare come la sede di una serie di attività mentali di cui non sempre siamo consapevoli. Nel corso di studi che ormai spaziano dalla metà dell'Ottocento a oggi è stato possibile indicare che vi sono funzioni, come quelle motorie, sensoriali o alla base del linguaggio che hanno una più sedi necessarie perché possano aver luogo i movimenti, perché possiamo percepire stimoli tattili, visivi, uditivi, olfattivi o gustativi, perché possiamo profferire parole o intenderle. I primi studi, quelli legati agli albori delle neuroscienze, ci hanno restituito un'immagine del cervello simile a una cassettiera, con un posto specifico per ogni cosa. Col procedere della ricerca, però, quest'immagine si è rivelata meno veritiera. È vero che se la corteccia motoria è lesa subentra una paralisi, se è lesa quella somatosensoriale non percepiamo più gli stimoli tattili che agiscono sulla pelle, se è lesa la corteccia occipitale può subentrare una cecità «centrale», se è lesa una parte della corteccia frontale o parietale può subentrare un'afasia. Ma è anche vero che non si tratta delle sedi esclusive di queste funzioni, che altre aree e nuclei cerebrali compartecipano ai movimenti, alla sensibilità o al linguaggio. Considerata in quest'ottica, un'area particolare ci può apparire come uno degli anelli che formano una catena, cosicché l'eliminazione di uno degli anelli ne spezza l'integrità.

Questo punto può essere oggetto di una prima obiezione nei confronti delle neuroscienze che dovrebbero quindi essere in grado di descrivere tutti gli anelli di una catena, a partire da quelle funzioni, apparentemente più semplici e lineari, come la motricità o le sensazioni. Si potrà insomma obiettare che non è corretto parlare della «sede di», mentre è più realistico descrivere le caratteristiche di una rete da cui dipendono specifiche attività.

Seconda obiezione. Gli esseri umani si muovono, percepiscono, parlano e via dicendo in quanto hanno dei fini (afferrare un oggetto, esplorarne le caratteristiche fisiche, ascoltare ciò che dice un'altra persona, spiegare come interpretiamo la realtà), sono dotati di esperienze, motivati a interagire col mondo che li circonda e a intraprendere azioni, hanno in mente progetti a breve o a lunga scadenza. Quindi, il «neuroscettico» potrebbe confutare l'approccio neuroscientifico: il cervello serve a una mente che lo guida per raggiungere i suoi scopi, ne fa un uso simile a quello del computer che ci serve per entrare in contatto con gli altri, scrivere, giocare, ascoltare la musica. Secondo quest'ottica mentalista, l'approccio generalmente utilizzato per descrivere i vari sistemi che compongono il cervello non è globale, analizza i sottosistemi ma perde di vista la complessità. In termini più specifici, ma non meno problematici, David Hubel, che con Torsten Wiesel ha dato il via agli studi sulla «frammentazione» del cervello attraverso le sue ricerche sulla corteccia visiva, indica nel libro *Occhio, cervello e visione*, che «la straordinaria tendenza da parte del cervello a trattare separatamente attributi come la forma, il colore e il movimento, solleva immediatamente il problema di come tutta l'informazione sia alla fine unificata per consentirci di avere la percezione, per esempio, di una palla rossa che rimbalza».[55]

Inutile tentare di eludere questo problema che non ha soltanto una dimensione biologica ma anche filosofica in quanto ci porta a riflettere sul perché facciamo ciò che facciamo o pensiamo ciò che pensiamo. Dal punto di vista delle neuroscienze non è certamente facile dare una sorta di descrizione puntuale di ciò che avviene in un particolare cervello quando, ad esempio, il soggetto, motivato dalla sete, decide di andare nel bar preferito per dissetarsi con una bibita, anch'essa preferita o giudicata più consona in quel momento. Forse questo tentativo non è nemmeno facile se si utilizza un'ottica psicologica che tenga conto di gusti, preferenze, esperienze, abitudini, motivazioni consce e inconsce... Ciononostante, è evidente che un'analisi di ciò che avviene nel cervello in una particolare situazione non può essere globale e non può che basarsi su una descrizione dei sistemi e delle funzioni che, ipotizziamo, siano alla base di un particolare comportamento. I neuroscienziati, d'altronde, non possono che essere riduzionisti: descrivere cioè singolarmente le diverse funzioni e le loro sedi, tenendo presente che una particolare descrizione non è esaustiva, sia perché altri ricercatori vi aggiungeranno qualcosa di nuovo, sia perché non considera quell'insieme di altri fattori che sono alla base della mia decisione di premere sui tasti di questa tastiera per scrivere ciò che scrivo... Se volete, questa obiezione si intreccia anche col problema del «livello» descrittivo: il comportamento può essere inquadrato nell'ambito di un'ottica sociologica, psicologica, neuroscientifica e, ovviamente, può far capo, come avviene nei romanzi, a un'analisi letteraria che tiene ben poco conto di ciò che si verifica all'interno del cervello ma riesce a comunicare i motivi, palesi e nascosti, delle azioni umane...

Terza obiezione. Le neuroscienze addebitano a un'area della corteccia o a un qualche nucleo sottocorticale, o meglio ancora a una rete, l'emergere di una funzione particolare: ma queste strutture non sono rigidamente predeterminate, giacché struttura – e funzione – possono mutare nel corso del tempo a seconda della situazione e delle necessità dell'organismo. Ad esempio, alcune funzioni, come quelle motorie e quelle sensoriali, sono localizzate in specifiche aree della corteccia su cui è possibile tracciare mappe topografiche che consentono di identificare in un'area particolare popolazioni di cellule nervose che corrispondono ai territori periferici da cui ricevono informazioni (corteccia sensoriale) o cui inviano comandi di tipo motorio (corteccia motorie). Ma la presenza di queste mappe corticali implica anche che esse siano rigide e «fisse», immutabili per tutta la vita di un individuo? Oppure si tratta di carte topografiche i cui confini possono variare nel corso della nostra vita, adattandosi a nuove esigenze e situazioni dei territori periferici? I risultati di diversi esperimenti dimostrano che la rappresentazione di una particolare funzione sensoriale o motoria a livello della corteccia cerebrale è fortemente variabile, molto plastica e soggetta a profondi rimaneggiamenti: e ancor più plastici sono quei circuiti cerebrali che sono implicati in funzioni più sfumate e complesse come l'apprendimento e la memoria.

Prendiamo, ad esempio, l'area somatosensoriale corticale, una sottile estensione di neuroni organizzati in una mappa dei territori muscolari periferici chiamata «omuncolo», in quanto la mappa è deformata dal fatto che alcuni organi, come la mano o il volto, vi sono rappresentati da un maggior numero di neuroni rispetto al tronco o alle gambe per la complessità delle funzioni necessarie alla manipolazione fine, alle espressioni facciali o al linguaggio. Ebbene, l'omuncolo, anziché costituire una carta geografica invariabile nel tempo, varia di forma – cioè rispecchia un diverso rapporto numerico tra i neuroni e i territori periferici – a seconda della situazione della periferia, ovvero all'uso o al disuso di arti e muscoli... Immaginiamo che in seguito a una lesione traumatica una persona perda un arto: cosa succede a livello dell'omuncolo corticale per quanto riguarda la rappresentazione di un territorio periferico che è ormai inesistente? Diversi studi indicano che la mappa corticale dei territori periferici va incontro a profondi rimaneggiamenti di tipo adattivo, cioè utili a dare maggior spazio o «rappresentazione» centrale a quelle aree del corpo che ora potrebbero vicariare la funzione scomparsa: l'altro arto, il moncone residuo dell'arto ecc. Tuttavia non c'è bisogno di ipotizzare una situazione talmente drastica come la perdita di un arto per studiare e comprendere la plasticità dell'omuncolo e quindi della corteccia cerebrale: è stato osservato che un aumento della funzione di un territorio periferico – si pensi ad esempio alla mano di un violinista o alle braccia di un giocoliere – comporta una dilatazione della mappa somatosensoriale corticale: in altre parole un maggior numero di neuroni si prende carico di una particolare funzione, come se la mappa corticale fosse tracciata sulla superficie di un palloncino di gomma e questo venisse più o meno gonfiato o deformato.

Quarta obiezione. Un altro ostacolo all'ipotesi di un rigido determinismo cerebrale è la grande variabilità che caratterizza la struttura macroscopica e microscopica cerebrale, altro fattore che è alla base della variabilità comportamentale – e mentale – dei singoli individui. Alcuni casi clinici, come quello molto citato di Phineas Gage[56] o alcuni casi citati da LeDoux, sono stati utilizzati per sostenere l'esistenza di «moduli» responsabili delle funzioni cognitive superiori, dalle decisioni al giudizio morale. Quelle che possiamo definire le neuroscienze «alla Gage» puntano a individuare e descrivere moduli che vengono spesso presentati come invarianti, i componenti di base del cervello, simili alle singole parti di un congegno meccanico. Ciò tiene in scarso conto l'esistenza della plasticità nervosa (i mutamenti strutturali dovuti all'ambiente, esterno o interno che sia) e il ruolo dell'individualità. Lo stesso Michael Gazzaniga, un tempo fautore di rigidi ruoli dei due emisferi, ha sottolineato i rischi di una generalizzazione sul cervello basata su un ristretto numero di casi.[57] Questo stesso concetto è evidenziato da un grande storico della medicina, Jack Pressman, che ha scritto una storia della psicochirurgia indicando la variabilità degli effetti di una stesso intervento o lesione: «Poiché ogni individuo – sostiene Pressman – è costituito da una singolare combinazione di fisiologia, identità sociale e valori personali, ogni paziente costituisce un esperimento unico».[58] Se si considera la fisiologia, forti differenze individuali caratterizzano strutture come l'ippocampo (memoria), il corpo calloso (quantità di fibre che associano tra loro i due emisferi cerebrali), la localizzazione delle strutture responsabili del linguaggio o il volume dell'amigdala. Anche la variabilità nella distribuzione dei recettori visivi della retina che sono sensibili ai colori è enorme,[59] il che spiega le grandi differenze di sensibilità che esistono in questo come in altri aspetti delle capacità visive. Il ruolo esercitato dalle differenze individuali emerge anche dagli studi gemellari che hanno dimostrato come i cervelli dei gemelli monozigoti presentano una somiglianza decisamente superiore rispetto ai cervelli dei gemelli eterozigoti. Questa somiglianza, evidente nei gemelli identici, riguarda soprattutto il volume dei due emisferi e la concordanza tra le caratteristiche dell'emisfero sinistro e destro. Altri studi più dettagliati hanno indicato che la corteccia frontale e le aree del linguaggio di Broca (area motoria) e di Wernicke (area sensoriale) si rassomigliano per oltre il 95% nei gemelli monozigoti per quanto riguarda volume ed estensione di queste aree.[60] Queste forti correlazioni anatomiche a livello della struttura corticale spiegano perché i gemelli identici siano molto simili per le abilità linguistiche e altri aspetti delle capacità cognitive. Ma spiegano anche che le persone non apparentate sono caratterizzate da una grande variabilità cerebrale, uno di fattori che si risolve nelle differenze comportamentali che ci caratterizzano.

Come si vede, sono gli stessi neuroscienziati, o almeno quelli più consapevoli, ad avanzare riserve nei confronti di un determinismo semplificante. Le neuroscienze ci dicono infatti che siamo esseri umani perché abbiamo il cervello che abbiamo: un cervello che ha i suoi pregi e difetti, regole e condizionamenti, ma anche i suoi gradi di libertà.

Note

1. Paolo Legrenzi e Carlo Umiltà, *Neuro-mania. Il cervello non spiega chi siamo*, il Mulino, Bologna 2009.

2. Sigmund Freud, *Studi sull'isteria* (1892-95), in *Opere*, edizione diretta da Cesare L. Musatti, I: *1886-1895. Studi sull'isteria e altri scritti*, Boringhieri, Torino 1967, p. 293.

3. Stanislas Dehaene, *The Number Sense. How the Mind Creates Mathematic*, Oxford University Press, Cambridge 1999; trad. it. *Il pallino della matematica. Scoprire il genio dei numeri che è in noi*, Mondadori, Milano 2001.

4. Esopo giace qui e si riposa.

5. Andy Clark e David J. Chalmers, *The Extended Mind*, «Analysis», LVIII, 1998, pp. 10-23.

6. James L. McClelland, *Parallel Distributed Processing. Implications for Cognition and Development*, in Richard J. Morris (a cura di), *Parallel Distributed Processing. Implications for Psychology and Neurobiology*, Clarendon Press, Oxford 1989, pp. 8-45.

7. Daniel Clement Dennett, *Consciousness Explained*, Penguin Books, Harmondsworth 1991; trad. it. *Coscienza. Che cos'è*, Rizzoli, Milano 1993.

8. Cfr. Mark A. Kay, Joseph C. Glorioso e Luigi Naldini, *Viral Vectors for Gene Therapy. The Art of Turning Infectious Agents into Vehicles of Therapeutics*, «Nature Medicine», VII, 2001, pp. 33-40 e Antonella Consiglio *et al.*, *In Vivo Gene Therapy of Metachromatic Leukodystrophy by Lentiviral Vectors. Correction of Neuropathology and Protection against Learning Impairments in Affected Mice*, «Nature Medicine», VII, 2001, pp. 310-16.

9. Román Vidaltamayo *et al.*, *Stem Cell Therapy for Parkinson's Disease. A Road Map for a Successful Future*, «Stem Cells Development», XIX, 3, 2010.

10. Simon F. Giszter, *Spinal Cord Injury. Present and Future Therapeutic Devices and Prostheses*, «Neurotherapeutics», V, 1, 2006, pp. 147-62.

11. Theodore W. Berger *et al.*, *Brain-Implantable Biomimetic Electronics as the Next Era in Neural Prosthetics*, «Proceedings of the IEEE», LXXXIX, 2001, pp. 993-1012.

12. Martha J. Farah *et al.*, *Neurocognitive Enhancement. What Can We Do and What Should We Do?*, «Nature Reviews Neuroscience», V, 2004, pp. 421-25.

13. Alberto Oliverio, *Neuroscienze ed etica*, «Iride», LIII, 2008, pp. 163-85.

14. Benjamin Libet, *Mind Time. The Temporal Factor in Consciousness*, Harvard University Press, Cambridge 2004; trad. it. *Mind Time. Il fattore temporale nella coscienza*, Cortina, Milano 2007.

15. Gerd Gigerenzer, *Gut Feelings. The Intelligence of the Unconscious*, Allen Lane, London 2007; trad. it.

Decisioni intuitive. Quando si sceglie senza pensarci troppo, Cortina, Milano, 2009.

16. John Tooby e Leda Cosmides, *Conceptual Foundations of Evolutionary Psychology*, in Donald Buss (a cura di), *The Handbook of Evolutionary Psychology*, Wiley, Hoboken 2005, pp. 5-67.

17. Daniel Kahneman e Amos Tversky, *The Psychology of Preferences*, «Scientific American», CCILVI, 1, 1982, pp.160-73.

18. John Forbes Nash Jr, *Equilibrium Points in N-Person Games*, «PNAS», XXXVI, 1950, pp. 48-49.

19. Joyce Berg, John Dickhaut e Kevin McCabe, *Trust, Reciprocity and Social History*, «Games and Economic Behavior», X, 1995, pp. 122-42.

20. Paul J. Zak, Robert Kurzban e William T. Matzner, *The Neurobiology of Trust*, «Annals of the New York Academy of Sciences», MXXXII, 2004, pp. 224-27.

21. Kevin A. McCabe, Vernon L. Smith e Michael LePore, *Intentionality Detection and «Mindreading». Why Does Game Form Matter?*, «PNAS», XCVII, 8, 2000, pp. 4404-409.

22. Tim Shallice, *Theory of Mind and the Prefrontal Cortex*, «Brain», CXXIV, 2, 2001, pp. 247-48.

23. Colin Humphries *et al.*, *Syntactic and Semantic Modulation of Neural Activity during Auditory Sentence Comprehension*, «Journal of Cognitive Neuroscience», XVIII, 4, 2006, pp. 665-79.

24. Sigmund Freud, *L'interpretazione dei sogni* (1899), in *Opere*, edizione diretta da Cesare L. Musat-

ti, III: *1889. L'interpretazione dei sogni*, Boringhieri, Torino 1966, p. 122.

25. Antonio R. Damasio, *Descartes' Error. Emotion, Reason and the Human Brain*, Putnam, New York 1994; trad. it. *L'errore di Cartesio. Emozione, ragione e cervello umano*, Adelphi, Milano 1995.

26. Jon Elster, *Alchemies of the Mind. Rationality and the Emotions*, Cambridge University Press, Cambridge 1999.

27. Samuel M. McClure *et al.*, *Neural Correlates of Behavioral Preference for Culturally Familiar Drinks*, «Neuron», XLIV, 2, 2004, pp. 379-87.

28. Anna Oliverio Ferraris, *Sindrome Lolita. Perché i nostri figli crescono troppo in fretta*, Rizzoli, Milano 2008.

29. Vance Packard, *The Hidden Persuaders*, McKay, New York 1957; trad. it. *I persuasori occulti*, Einaudi, Torino 2005.

30. Anna Oliverio Ferraris, *La macchina della celebrità*, Giunti, Firenze 1999.

31. Irenäus Eibl-Eibesfeldt, *Der Mensch, das riskierte Wesen. Zur Naturgeschichte Menschlicher Unvernunft*, Piper, Zürich 1988; trad. it. *L'uomo a rischio*, Bollati Boringhieri, Torino 1992.

32. Joseph LeDoux, *The Emotional Brain. The Mysterious Underpinnings of Emotional Life*, Simon & Schuster, New York 1998; trad. it. *Il cervello emotivo. Alle radici delle emozioni*, Baldini & Castoldi, Milano 1999.

33. Paul D. Mac Lean, *A Triune Concept of Brain and Behavior*, University of Toronto Press, Toronto 1973; trad. it. *Una mente formata da tre menti. L'educazione*

del cervello tripartito, in Alberto Oliverio (a cura di), *Cervello e comportamento*, Newton Compton, Roma 1981, pp. 42-74.

34. William B. Scoville e Brenda Milner, *Loss of Recent Memory after Bilateral Hippocampal Lesions*, in «Journal of Neurology, Neurosurgery and Psychiatry», XX, 11, 1957, pp. 11-21.

35 Antonio R. Damasio, *Descartes' Error* cit.

36. Marguerite Yourcenar, *Quoi? L'eternité*, in *Le labyrinthe du monde*, Gallimard, Paris 1988, III; trad. it. *Quoi? L'eternité* in *Opere. Saggi e memorie*, Bompiani, Milano 1992, p. 1538.

37. Wilder Penfield, *The Mystery of the Mind. A Critical Study of Consciousness and the Human Brain*, Princeton University Press, Princeton 1975; trad. it. *Il mistero della mente. Studio critico sulla coscienza e sul cervello umano*, Vallecchi, Firenze 1991.

38. Marigold Linton, *Ways of Searching and the Contents of Memory*, in David C. Rubin (a cura di), *Autobiographical Memory*, Cambridge Univesity Press, Cambridge 1986, pp. 50-67.

39. Larry R. Squire e Alberto Oliverio, *Biological Memory*, in Pietro Corsi (a cura di) *The Enchanted Loom. Chapters in the History of Neuroscience*, Oxford University Press, Oxford 1991, pp. 240-71.

40. Robert Storr, *Dislocations*, The Museum of Modern Art, New York 1992.

41. Marguerite Yourcenar, *Souvenirs Pieux*, in *Le labyrinthe du monde*, Gallimard, Paris 1974, I; trad. it. *Care memorie*, in *Opere. Saggi e memorie*, Bompiani, Milano 1992, II, pp. 819-20.

42. Marguerite Yourcenar, *Mémoires d'Hadrien*, Gallimard, Paris 1951; trad. it. *Memorie di Adriano*, in *Opere. Romanzi e racconti*, Bompiani, Milano 1988, p. 25.

43. Elizabeth F. Loftus, *Eyewitness Testimony*, Harvard University Press, Cambridge 1979.

44 Kimberley A. Wade *et al.*, *A Picture is Worth a Thousand Lies. Using False Photographs to Create False Childhood Memories*, «Psychonomic Bullettin & Review», IX, 3, 2002, pp. 597-603.

45 Michael S. Gazzaniga e Steven A. Hillyard, *Language and Speech Capacity of the Right Hemisphere*, «Neuropsychologia», IX, 1971, pp. 273-80.

46. Stephen E. Glickman e Richard W. Sroges, *Curiosity in Zoo Animals*, «Behaviour», XXVI, 1-2, 1966, pp. 151-88.

47. Gerald Edelman, *Second Nature. Brain Science and Human Knowledge*, Yale University Press, Harvard 2006.

48. Alberto Oliverio, *Brain and Creativity*, in Masatoshi Murase e Ichiro Tsuda (a cura di), *What Is Life? The Next 100 Years of Yukawa's Dream*, «Progress of Theoretical Physics», CXVIII, 2008, pp. 66-78.

49. Mihaly Csikszentmihalyi, *The Domain of Creativity*, in Mark A. Runco e Robert S. Albert (a cura di), *Theories of Creativity*, Sage, Newbury Park 1988, pp. 190-212.

50. Irving Stone, *The Agony and the Ecstasy. A Novel of Michelangelo*, Doubleday, New York 1961; trad. it. *Il tormento e l'estasi*, Corbaccio, Milano 2003, p. 394.

51. Arne Dietrich, *Neurocognitive Mechanisms Underlying the Experience of Flow*, «Consciousness and Cognition», XIII, 2004, pp. 746-61.

52. Michael I. Posner (a cura di), *Cognitive Neuroscience of Attention*, Guilford Press, New York 2004.

53. Alberto Oliverio, *La vita nascosta del cervello*, Giunti, Milano 2009.

54. Arthur Schnitzler, *Sulla psicoanalisi*, SE, Milano 2001, p. 23.

55. David H. Hubel, *Eye, Brain and Vision*, Scientific American Library, New York 1988; trad. it. *Occhio, cervello e visione*, Zanichelli, Bologna 1989.

56. Antonio R. Damasio, *Descartes' Error* cit.; trad. it. *L'errore di Cartesio*, p. 35.

57. Michael S. Gazzaniga, *The Split Brain Revisited*, «Scientific American», CCXCVII, 1998, pp. 50-55.

58. Jack D. Pressman, *Last Resort. Psychosurgery and the Limits of Medicine*, Cambridge University Press, Cambridge 1998, p. 434.

59. Christine A. Curcio *et al.*, *Human Photoreceptor Topography*, «Journal of Comparative Neurology», CCXCII, pp. 497-523.

60. Alycia J. Bartley, Douglas W. Jones e Daniel R. Weinberger, *Genetic Variability of Human Brain Size and Cortical Gyral Patterns*, «Brain», CXX, 1997, pp. 257-69.

I sampietrini

Anna Oliverio Ferraris

Famiglia

La famiglia è – caso più unico che raro – una struttura primaria che esiste in tutte le società. Qui si assolvono le funzioni della riproduzione, della crescita e della socializzazione dei bambini e al contempo quella della stabilizzazione della personalità degli adulti. Da sempre al suo interno si giocano dinamiche cruciali che tornano ciclicamente al centro del dibattito pubblico: il confronto e la relazione tra i sessi, la gerarchia e la costrizione dei ruoli, la costruzione dell'identità e il senso di appartenenza.

Simbolo del calore umano, luogo di consuetudini complici e di un vocabolario intimo, la famiglia vive di un equilibrio costante tra ricerca di fusione e bisogno di autonomia. Capace di creare alleanze per la vita ma anche di alimentare rivalità distruttive, la famiglia può proteggere i suoi membri, aiutandoli a costruire identità serene e sicure, oppure controllarli e costringerli in ruoli estranei e dolorosi.

Con il raro dono di una sintesi chiara e persuasiva, e con il ricorso esemplare a film e romanzi che fanno parte del nostro comune immaginario, Anna Oliverio Ferraris – tra le più accreditate esperte delle dinamiche famigliari con alle spalle una lunga e solida esperienza accademica e psicoterapeutica – ripercorre, nel tempo e nello spazio, l'evoluzione di questo strano costrutto sociale che è la famiglia, per mostrarcene la natura permeabile, flessibile e plastica.

Bollati Boringhieri